garten kurz & gut

Ökologischer Pflanzenschutz im naturnahen Garten

NATÜRLICH UND ÖKOLOGISCH GÄRTNERN

Bittermann, Koppensteiner,
Kunert, Marchsteiner, Mannsbart,
Strobelberger, Tüchler, Wundrak

Hrsg. NATUR im GARTEN

avBUCH

NATUR im GARTEN

Inhalt

Vorwort

Nah an der Natur

Naturgärten sind vielfältige und bunte Naturoasen für uns Menschen. Als Rückzugsgebiet und Lebensraum für Tiere und Pflanzen sind sie wichtiger denn je.

Wichtig für uns Menschen ist auch die Beziehung zu unserem Garten: Hier spüren wir unsere Sehnsucht, an einem Sommertag unbekümmert im Gras zu liegen, Insekten summen zu hören, Früchte und Beeren zu naschen, den Duft von Erde zu riechen – mit der Natur eins zu werden und das Leben urtümlich zu fühlen.

Um dieser Naturoase Raum zu geben, gilt es, den Garten naturnah zu gestalten, mit organischen Düngern, ohne chemisch-synthetische Pflanzenschutzmittel und mit der Hilfe von Nützlingen zu pflegen. Diese Entscheidung kann jede Gärtnerin, jeder Gärtner treffen und so guten Gewissens ein Stück Naturgarten genießen.

Zusammenhänge zu verstehen, vorbeugende Strategien zur Stärkung von Pflanzen zu entwickeln, altes Gartenwissen zu erlernen, hilft beim ökologischen Gärtnern ungemein.

Wir wünschen ein reges, gesundes,
gut gelauntes und fröhliches GARTENleben.

Ihr „Natur im Garten" Team

Foto: GARTENLeben

Biologisch angebautes Gemüse ist nachweislich gesünder.

Einleitende Gedanken zum Pflanzenschutz

Nähern wir uns einmal überlegt und ganzheitlich dem Thema Pflanzenschutz an, denn dies ist ein überaus spannender Ansatz.

Dafür möchte ich gerne Stefano Mancuso zitieren. Er ist Professor an der Universität Florenz und international anerkannter Spezialist zum Thema Pflanzenkommunikation:

„Ohne die Pflanzen, die uns mit Nahrung, Energie und Sauerstoff versorgen, könnten wir Menschen auf der Erde nicht einmal Wochen überleben. Merkwürdig eigentlich, dass sie trotzdem lange als Lebewesen niederer Ordnung galten, knapp oberhalb der unbelebten Welt. Erst seit kurzem erkennt die Forschung, was schon Darwin vermutete: dass Pflanzen trotz ihrer (scheinbaren) Unbeweglichkeit über stupende Fähigkeiten verfügen, ja über Intelligenz. Denn außer den fünf Sinnen des Menschen besitzen sie noch mindestens 15 weitere, mit denen sie nicht nur elektromagnetische Felder erspüren und die Schwerkraft berechnen, sondern zahlreiche chemische Stoffe ihrer Umwelt analysieren können. Mit Duftstoffen warnen sie sich vor Fressfeinden oder locken Tiere an, die sie davon befreien; über die Wurzeln bilden sie riesige Netzwerke, in denen Informationen über den Zustand der Umwelt zirkulieren. Ohne Organe können sie so über eine Form von Schwarmintelligenz Strategien entwickeln, die ihr Überleben sichern." (Die Intelligenz der Pflanzen, Verlag Antje Kunstmann, 2015).

Das sind starke Aussagen. Aber auch die gängige analytische Wissenschaft hat interessante Ergebnisse geliefert. So ist bewiesen, dass biologisch angebautes Gemüse (im Vergleich zu konventionell angebautem) ein Vielfaches an Antioxidanzien, Vitaminen und Mineralstoffen enthält und eine um 30 Prozent höhere Trockenmasse hat.

Egal, ob Sie auf die gängige Wissenschaft setzen oder an der Theorie, dass auch Pflanzen intelligente Wesen sind, Gefallen finden, aus beiden Sichtweisen ergibt sich die Schlussfolgerung: Pestizide, chemisch synthetische Dünger

Foto: MNStudio/Shutterstock.com

Innige Freundschaften beginnen früh – auch deshalb sind kindliche Gartenerlebnisse so wertvoll.

und Ähnliches sind nicht sinnvoll, da wir uns damit um gesunde Wirkstoffe berauben, unsere Gesundheit gefährden können, die Tier-, Pflanzen- und Umwelt schädigen können und unseren Pflanzen mit Giftcocktails die hochsensiblen Sinne vernebeln, sodass sie ihre Abwehrmechanismen nicht mehr einsetzen können.

Menschenschutz – Pflanzenschutz?

Einen anderen Blickwinkel gibt es ebenfalls noch zu beachten. Wir wissen, dass überstandene Krankheiten uns Menschen stärker machen, dass wir Antikörper bilden, die uns beim nächsten „Angriff" schützen.

Aus den Ergebnissen von Untersuchungen über sekundäre Pflanzenstoffe wissen wir, dass auch Pflanzen Abwehrstoffe einlagern und dadurch widerstandsfähiger werden. Aber nicht nur das, sie geben diese Widerstandskraft auch an uns weiter. Eine Pflanze, die sich z. B. erfolgreich gegen eine Pilzinfektion durch die Bildung von sekundären Pflanzenstoffen gewehrt hat, gibt uns deren gesundheitliche Vorteile beim Verzehr weiter.

Eine verhätschelte Pflanze, die keine Strategien entwickelt hat, wie sie Trockenheit überlebt, wie sie wertvolle Nährstoffe nutzt, wie sie sich gegen Krankheiten und Schädlinge schützt, die es im Glashaus immer warm hat, intensiv gedüngt wird und präventiv mit vielen Spritzmitteln behandelt wird, hat nicht nur alle Sinne ausgeschaltet, sie ist auch für unsere Gesundheit deutlich weniger wertvoll.

Aus dieser Sicht ist es eigentlich keine Überraschung, dass bei Untersuchungen von Kindern und auch Erwachsenen immer wieder festgestellt wird, dass wir trotz Überversorgung und Übergewicht Mangelerscheinungen aufweisen, dass uns Antioxidanzien, Vitamine und andere schützende Stoffe fehlen.

Ein etwas verrückter Vorschlag: Betrachten Sie die Pflanzen als Ihre Freunde, beobachten Sie sie und behandeln Sie Pflanzen, wie Sie Freunde behandeln würden.

Elisabeth Koppensteiner, GARTENleben

Was ist Pflanzenschutz?

Foto: Stefan Körber/Fotolia.de

Im eigenen Garten wird – manchmal ganz gezielt, ein anderes Mal unwillkürlich und fast nebenbei – Pflanzenschutz betrieben, denn Pflanzenschutz beginnt schon beim Einsetzen von Pflanzen am richtigen Standort oder mit der bunten Mischkultur im Gemüsegarten. Auch das Stärken der Pflanzen mit eigenem Kompost schützt sie genauso wie das beiläufige Abstreifen von Blattläusen auf den Rosentrieben beim morgendlichen Gartenrundgang.

Viele meinen jedoch, dass sich Pflanzenschutz auf den Einsatz spezieller Pflanzenschutzmittel beschränkt. Dabei hat sogar das Nichtstun beziehungsweise Nichteingreifen beim Befall mit Blattläusen eine pflanzenschützende Auswirkung: Nützlinge können sich nun ganz ungestört über das reichliche Angebot an Nahrung hermachen. Die wohlgenährten Marienkäfer, Schwebfliegen, Florfliegen & Co. vermehren sich daraufhin stark. Langfristig gesehen kommen somit hier nun weniger Blattläuse vor als in einem Garten, in dem die chemische Keule regelmäßig zum Einsatz kam.

Gartenpflanzen ökologisch schützen

Pflanzenschutz umfasst im Prinzip alle Maßnahmen, die getroffen werden, um Schadorganismen und Krankheiten abzuwenden beziehungsweise den Befall zu minimieren. Pflanzenschutz bedeutet also im weiteren Sinne nicht nur das Reagieren auf schon vorhandene Schäden, sondern auch alle Maßnahmen, die schon im Vorfeld getätigt werden, um die Pflanzengesundheit zu fördern. In einem Naturgarten spielen gerade diese vorbeugenden Maßnahmen, wie z. B. richtige Standortwahl der Pflanzen, Bodenbelebung, Humusaufbau und Pflanzenstärkung, eine wichtige Rolle. Damit wird ein gesundes Umfeld geschaffen, in dem kräftiges Pflanzenwachstum stattfinden kann. Krankheiten und Schädlinge, sofern sie dann überhaupt noch verstärkt auftreten, werden nur als allerletzte Maßnahme mit biokonformen, umweltfreundlichen, ökologisch verträglichen Pflanzenschutzmitteln behandelt.

Pflanzenschutz im Garten

Alle chemisch-synthetischen Pflanzenschutzmittel sind im eigenen Garten tabu. Denn hier kann eigenverantwortlich gehandelt werden. Um eine kleine Naturoase zu schaffen, gilt es, im Einklang mit der Natur zu arbeiten und sich so weit wie möglich in die natürlichen Kreisläufe einzugliedern. Damit es ein harmonisches Miteinander werden kann, ist es besonders beim Pflanzenschutz essenziell, sanfte Wege zu gehen.

Beim naturgemäßen und ökologischen Gärtnern stehen Vorbeugung, Pflanzenstärkung, Kreislaufwirtschaft, Vielfalt und so weiter an oberster Stelle und auf chemisch-synthetische Pflanzenschutzmittel wird gänzlich verzichtet.

Foto: Pimpinellus/Wikimedia Commons

Mischkulturbeete sind nicht nur zweckmäßig, sondern auch dekorativ.

Lebensgemeinschaft Garten?

Das Prinzip Verantwortung

Der Mensch teilt sich im Garten den Lebensraum mit Vögeln, Igeln, Spitzmäusen, Insekten wie Ameisen, Bienen, Käfern, Schmetterlingen, Läusen, diversen Spinnentieren wie Milben, Spinnen und vielen mehr. Die Anzahl der Bewohner im Boden übertrifft bei Weitem die der sichtbaren Fauna: von den größeren Regenwürmern, Asseln, Springschwänzen und Larven bis hin zu den mikroskopisch kleinen Rädertieren, Geißel- und Wimpertierchen und Bakterien. Der Garten gleicht somit einer Biozönose, einer Lebensgemeinschaft mit vielen verschiedenen Lebewesen. Allen diesen Mitbewohnern gegenüber trägt der Mensch eine ganz besondere Verantwortung.

Der Verlust an natürlichen Lebensräumen hat zu einer Bedrohung vieler Tierarten geführt. Einige davon haben in den naturnahen Strukturen der Gärten einen neuen Überlebensraum gefunden. Der Garten hat somit einen ganz besonderen Stellenwert als Ersatzlebensraum.

Das lebensfördernde Prinzip hat im Naturgarten Vorrang. Durch Schaffung von geeigneten Strukturen und Naturgartenelementen werden ein Lebensraum und das entsprechende Nahrungsangebot für die Tierwelt geschaffen. Stärkere Eingriffe werden nur so weit getätigt, dass sie die Tierwelt nicht wesentlich beeinträchtigen oder im besten Fall sogar noch fördern. So kann z. B. das Stehenlassen von vertrockneten und welken Stauden im Herbst wertvolle Überwinterungsplätze für die Insektenwelt und Nützlinge schaffen.

In einem Naturgarten sollte immer, soweit möglich, das Prinzip der Verantwortung für den

Lebensraum Garten vor pflanzenschützenden Absichten stehen, wenn diese der Tierwelt großen Schaden zufügen könnten.

Warum Pflanzen schützen?

Im Garten kommen selbstverständlich nicht nur Lebewesen vor, die eine nützliche Wirkung haben, sondern auch solche, die Pflanzen schädigen können. Diverse Pflanzenteile oder Pflanzensäfte dienen diesen tierischen Schädlingen und auch anderen Schadorganismen wie Bakterien und Pilzen als Nahrung oder auch als Vermehrungsort.

Blattläuse sind z. B. sehr häufig vorkommende Schädlinge im Garten. Sie ernähren sich saugend von Pflanzensäften – dabei befallen sie Blätter und junge Triebe. Während ein (auch sehr starker) Befall an Sträuchern praktisch nie zum Absterben der gesamten Pflanze führt, kann bei jungen Stauden oder Gemüsejungpflanzen ein Befall sehr wohl verheerend sein. Das Alter und die Art der Pflanze sind hier also einzubeziehen, wenn es um die Notwendigkeit eines Eingriffs durch den Gärtner oder die Gärtnerin geht.

Foto: GartenAkademie.com

Ein Hausbaum vermittelt Geborgenheit – für Mensch und Tier.

Schönheit der Zierpflanzen

Ein großer Anteil der Pflanzen im Garten wird vorrangig wegen des Zierwerts kultiviert. Seien es die großblütigen Stauden, üppig blühende Sträucher oder Rosen, das duftende Geißblatt oder ein Hausbaum: Sie erfreuen das betrachtende Auge der Hobbygärtnerin oder des Hobbygärtners. So wird vor allem das ästhetische Empfinden des Betrachters gestört, wenn Schadorganismen die prachtvollen Pflanzen verändern oder beschädigen.

Schönheitsverlust

Das Geißblatt ist im Frühjahr ein wahrer Magnet für Blattläuse. Die jungen Triebe und aufgehenden Blütenknospen werden oft regelrecht von Blattläusen bevölkert. Der Befall kann so stark sein, dass die erste Blüte im Mai nur noch kümmerlich oder sogar ganz ausfällt. Wer den Befall jedoch genauer betrachtet, wird feststellen, dass sich nach 1 bis spätestens 2 Wochen immer mehr andere Tiere zu den Blattlauskolonien gesellen: Marienkäfer und deren Larven, Florfliegen- und Schwebfliegenlarven.

Auch Vögel bedienen sich am reichlich gedeckten Tisch. Sie vergreifen sich zwar auch manchmal an den etwas größeren Nützlingen – was ihnen aber in einem Naturgarten getrost

Foto: Bildagentur Zoonar GmbH/Shutterstock.com

So fleißige Helfer sind im Garten gern gesehen.

verziehen werden darf: In einem relativ naturnahen Umfeld verkraften die großen und stabilen Nützlingspopulationen problemlos die Zugriffe der Vögel.

Nach diesem Blattlausbefall im Mai hat sich spätestens im Juni ein Gleichgewicht zwischen Blattläusen und Nützlingen eingestellt: Der Blüte des Geißblatts wird nun bis zum Ende der Blühperiode kein relevantes Blattlausaufkommen mehr im Wege stehen. Der zeitlich begrenzte Schönheitsverlust wird im Naturgarten – mit ein wenig Geduld – daher hingenommen.

Pflanzen zum Leben

Der Anbau von Nutzpflanzen wie Obst- oder Beerengehölze sowie Gemüsepflanzen im Hausgarten hat eine lange Tradition. Hier wurden Nahrungspflanzen für die Selbstversorgung angebaut; daher ist der Stellenwert dieser Pflanzen sehr hoch.

Heute liegt der Anbau von Tomaten/Paradeisern, Zucchini, Kräutern & Co. im eigenen Garten wieder stark im Trend. Obwohl heute meist keine existenzielle Abhängigkeit von den selbst angebauten Nahrungsmitteln mehr gegeben ist, decken doch viele Hobbygärtner und -gärtnerinnen einen Teil ihres Nahrungsbedarfs, vor allem über die Sommermonate, mit selbst angebautem Gemüse und Obst. Ein Ernteausfall durch Krankheiten oder Schädlinge ist zwar inzwischen meist nicht existenzbedrohend, aber doch schmerzlich – steckt doch viel Arbeit, Fürsorge und auch Geld im Gemüsegarten.

Gesundheit ist oberstes Prinzip

Der völlige Verzicht auf chemisch-synthetische Pestizide innerhalb der eigenen Gartengrenzen hat den großen Vorteil, dass der Eintrag von toxischen Stoffen ausbleibt und weder Mensch noch Tier ihnen direkt ausgesetzt werden.

Besonders im Nutzgarten, in dem Nahrungspflanzen angebaut werden, versteht sich der Verzicht von selbst. Selbst garteln bietet die Möglichkeit, rückstandsfreie Lebensmittel zu produzieren. Biogemüse und -obst ist einfach gesünder, es enthält einen höheren Gehalt an gesundheitsförderlichen Substanzen wie Vitaminen, Antioxidanzien (sogenannte Radikalfänger) wie sekundäre Pflanzenstoffe (z. B. Flavonoide).

Altes Gartenwissen

Vor allem im Nutzgartenbereich sind der Erfahrungsreichtum und auch Rezepturen von Generation zu Generation weitergegeben worden: Fruchtfolge, Mischkultur, Kompostierung, Gründüngung, Brühen und Jauchen sind hier schon lange selbstverständlich.

Es wird im Vorhinein auf gesundes Pflanzenwachstum geachtet und viel dafür getan. Im Sinne der Kreislaufwirtschaft wird auf vorhandene Ressourcen zurückgegriffen und möglichst auf Fremdmittel verzichtet – so stammen viele Rezepturen zu Jauchen, Brühen & Co. aus bäuerlicher Tradition. Die stärkende Wirkung verschiedener Pflanzen wird genutzt, etwa bei der Brennnesseljauche, die als ausgewogener organischer Dünger gesunde Pflanzen heranwachsen lässt. Oder bei der Ackerschachtelhalmbrühe, die eines der wichtigsten Hausmittel aus der Pflanzenapotheke der Natur ist. Pflanzen helfen hier, Pflanzen zu heilen!

Selbstschutz der Pflanzen

Pflanzen haben im Laufe der Evolution vielfältigste Schutzmechanismen und Strategien entwickelt, um sich gegen verschiedenste Schadorganismen selbst wehren zu können. Pflanzen können Schädlingen zwar nicht davonlaufen, umso faszinierender sind die mannigfaltigen und auch komplexen Strategien, mit der sich Pflanzen wirkungsvoll gegenüber Schaderregern zur Wehr setzen.

Schutz nach außen

Eine dieser Strategien besteht darin, zu verhindern, dass Schaderreger in die Pflanze eindringen beziehungsweise sich in ihr ausbreiten können.

Dornen und Stacheln schützen vor Fraßfeinden. Aber auch Krankheitskeime können z. B. abgehalten werden, wenn Pflanzen eine besonders dicke Epidermis (Haut) haben. Wachsschichten und kleine Haare auf dieser Haut wirken wasserabweisend, wodurch sich Pilze und Bakterien nur schwer ansiedeln können und Schädlinge ferngehalten werden.

Durch vorbeugende Maßnahmen können Zellwände gestärkt werden: Kieselsäure, die über Ackerschachtelhalmextrakte verabreicht wird, kann in den Zellwänden eingelagert werden. So wird Pilzen das Eindringen in die Pflanze erschwert, aber auch ein Befall von Schädlingen wird vermindert.

Schutz von innen

Vor allem sind es die sekundären Pflanzeninhaltsstoffe, die für Schadorganismen entweder abschreckend oder sogar giftig wirken können: Bitterstoffe, Alkaloide, Terpenoide oder Phenole.

Schutzaufbau nach Infektion

Pflanzen reagieren aber auch aktiv auf einen Schädlings- oder Krankheitsbefall. So können

Foto: Alexandra Giese/Shutterstock.com

Wo Wasser so abweisend behandelt wird, können auch Schädlinge schwer angreifen.

Diese Schlupfwespe legt ihre Eier in einer Raupe ab.

Krankheitskeime an der Ausbreitung gehindert werden. Einige Beispiele: Korkzellen bilden sich etwa, um das Pathogen auf seinem Vormarsch in die Pflanze zu stoppen, gummiartige Substanzen kapseln es dagegen ein, Thyllen (pflanzliche Einstülpungen) bilden sich, um die Krankheit in den Leitungsgefäßen einzuschließen. Durch die Auflösung der Schicht, die benachbarte Zellen miteinander verbindet, werden ganze befallene Blattbereiche „herausgeschnitten" und regelrecht aus der Pflanze hinausgeworfen.

Induzierte Resistenz

Pflanzen können im Laufe ihres Lebens durch äußere Einflüsse eine Widerstandsfähigkeit aufbauen, die sie vorher nicht hatten. Wird eine Pflanze befallen, dann werden verschiedene Abwehrmechanismen in Gang gesetzt. Diese Abwehr kann nicht nur direkt durch den Schadorganismus, sondern auch durch spezielle Pflanzenstärkungsmittel induziert werden. Die Immunreaktion kann also vorbeugend schon durch den Naturgärtner bewirkt werden – die Pflanzen sind dann im Vorfeld gegen die Schaderreger besser geschützt.

Zusammenarbeit und Teamwork

Pflanzen können über Duftmoleküle, also winzige chemische Einheiten, „kommunizieren". Diese Duftmoleküle haben bestimmte Bedeutungen, sind die Pflanzenvokabeln. Pflanzen senden diese Vokabeln sehr zielgerichtet aus. Werden Pflanzen von Schädlingen angegriffen, geben viele ein „Alarmmolekül" ab und informieren so die Pflanzen in ihrer Umgebung, die dadurch schon vorbeugend Abwehrstoffe gegen diesen Schädling produzieren.

Die Schweizer Biologin, Chemikerin und Wissenschaftsjournalistin Florianne Koechlin schätzt, dass man inzwischen an die 2000 Duftstoffvokabeln aus 900 Pflanzenfamilien kennt.

Pflanzen kommunizieren aber auch mit Tieren, z. B. den Insekten. Sie erkennen Fraßfeinde und identifizieren diese mittels chemischer Analyse. Beispiele:

Im Max-Planck-Institut für chemische Ökologie in Jena wurde die Limabohne (*Phaseolus lunatus*) und ihre Kommunikation erforscht. Wird die Limabohne von einer Spinnmilbe angegriffen, lockt sie mit einem bestimmten Duft Raubmilben an, die die Spinnmilbe fressen. Wird sie von Raupen befallen, dann lockt sie mit einem anderen Duftstoff Schlupfwespen an, die die Raupen parasitieren. Wie kann die Limabohne wissen, wer genau an ihren Blättern frisst? Sie „schmeckt" den Speichel und mischt danach das Duftgemisch für die entsprechenden Nützlinge.

Foto: Henrik Larsson/Fotolia.de

Kaum wiederzuerkennen: Ein Siebenpunkt-Marienkäfer im Larvenstadium frisst eine Blattlaus.

Ökologischer Pflanzenschutz

Welchen Arten von Pflanzenschutz gibt es?

So unterschiedlich die Menschen sind, die einen Garten ihr Eigen nennen dürfen, so vielfältig und verschieden können die Gärten gestaltet sein und bewirtschaftet werden. Zwischen dem vollständig biologisch und dem konventionell gepflegten Garten gibt es selbstverständlich fließende Übergänge.

In Anlehnung an die Landwirtschaft kann jedoch grob zwischen 3 verschiedenen Formen des Pflanzenschutzes in Gärten unterschieden werden:

Konventioneller Pflanzenschutz

Der konventionelle Pflanzenschutz beschränkt sich meist auf die Bekämpfung von Schadorganismen. Es ist also nur ein Reagieren auf Pflanzenkrankheiten und Schädlinge. Eingesetzt werden hier vor allem chemisch-synthetische Pflanzenschutzmittel. Neben möglichen gesundheitsgefährdenden Eigenschaften für den Menschen kann die Anwendung dieser Präparate oft auch weitreichende schädliche Auswirkungen auf Nützlinge sowie Nicht-Ziel-Organismen und die Umwelt mit sich bringen.

Als vorbeugende Maßnahmen dienen hier oft nur die Sortenwahl (das Verwenden von Pflanzensorten, die eine erhöhte Widerstandskraft

Foto: SNinaMalyna.jpg/Shutterstock.com

Konventioneller Pflanzenschutz setzt überwiegend chemisch-synthetische Mittel ein.

oder Resistenz gegenüber Schadorganismen haben, wie z. B. widerstandsfähige Rosen- oder Obstbaumsorten) oder die Fruchtfolge im Gemüsegarten (der jährliche Wechsel der angebauten Kulturen im gleichen Beet).

Integrierter Pflanzenschutz

Der integrierte Pflanzenschutz bewegt sich zwischen dem konventionellen und dem biologischen Pflanzenschutz. Denn hier werden zwar chemisch-synthetische Pflanzenschutzmittel verwendet, aber deren Anwendung wird auf das notwendigste Maß beschränkt. Schon im Vorfeld finden hier eine Reihe von biologischen, biotechnischen, pflanzenzüchterischen sowie anbau- und kulturtechnischen Maßnahmen statt, die die Pflanzengesundheit verbessern und die Schadensschwellen berücksichtigen.

Ökologischer Pflanzenschutz

Der Pflanzenschutz im Naturgarten fängt sehr früh an, nämlich schon bei der Planung und Gestaltung der Gärten. Durch vielfältige Strukturen, Naturgartenelemente, standortgerechte, ökologisch wertvolle Pflanzen, Kompostierung, Nützlingsförderung und vieles mehr wird ein gesundes „System Garten" geschaffen, in dem die natürlichen Kreisläufe gut funktionieren können. Zusätzlich finden pflanzenstärkende Maßnahmen vor allem mit Brühen, Jauchen, angepasster organischer Düngung und auch mit physikalischen und biotechnischen Methoden statt, bevor überhaupt, als letztes Mittel der Wahl, ausschließlich ökologisch verträgliche biokonforme Pflanzenschutzmittel angewandt werden.

Aus gesundheitlichen und auch Gründen des Umweltschutzes wäre es erstrebenswert, wenn in allen Hausgärten ökologischer Pflanzenschutz betrieben würde. Die Aktion „Natur im Garten", die von Niederösterreich ausgehend auch schon in einigen Regionen Deutschlands und Europas Fuß gefasst hat, verfolgt mit ihren 3 Kernkriterien genau dieses Ziel: Hausgärten werden hier ohne den Einsatz von chemisch-synthetischen Pflanzenschutz- und Düngemitteln sowie Torf bewirtschaftet.

Wie funktioniert ökologischer Pflanzenschutz?

Im Naturgarten finden eine Fülle an Maßnahmen und Vorkehrungen für gesunde Pflanzen statt. Diese Pflanzenschutzstrategie lässt sich sehr anschaulich in Pyramidenform darstellen.

Die Pflanzenschutzpyramide

Mithilfe dieser Darstellung wird anschaulich, dass sich die breite Basis aus einem vielfältigen Spektrum anwendbarer Kulturmaßnahmen zusammensetzt. So wird im Naturgarten schon bei der Gestaltung und Bewirtschaftung vieles darangesetzt, um potenziellen Krankheiten und Schädlingen die Ausbreitungsgrundlagen zu entziehen. Mithilfe einer Vielzahl von Maßnahmen werden die Gartenpflanzen gestärkt und Nützlinge gefördert.

Kommen Pflanzenschutzmittel dennoch zum Einsatz, dann selbstverständlich nur biokonforme! Durch die Pyramide wird klar, dass Pflanzenschutzmittel im Naturgarten die letzte Maßnahmenstufe darstellen.

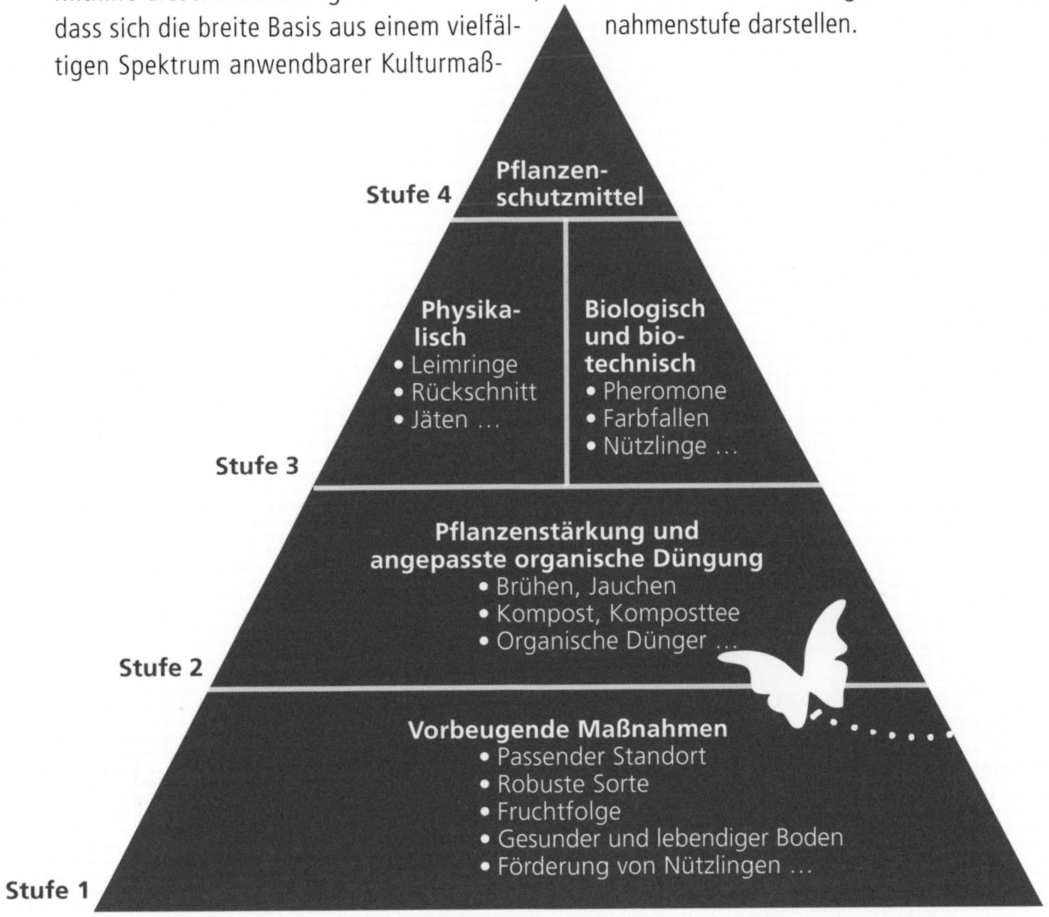

Die unterste Ebene und breite Basis listet alle Grundvoraussetzungen und vorbeugenden Maßnahmen auf. Die wiederum sind als Grundlage für alle darauffolgenden Maßnahmen zu verstehen. Selten wird im Naturgarten die Spitze der Pyramide erreicht – biokonforme Pflanzenschutzmittel werden nur im äußersten Notfall eingesetzt.

Foto: Kassia Marie Ott/Shutterstock.com

Eine Mulchdecke bringt viele Vorteile.

Stufe 1: Vorbeugende Maßnahmen

Standort: Die speziellen Ansprüche jeder Pflanzenart (Sonne – Schatten, feucht – trocken, kalkhaltig – sauer) werden bei der Pflanzenauswahl berücksichtigt. So können sich die Pflanzen ihrer genetischen Disposition entsprechend optimal entwickeln.

Sortenwahl/robuste Sorte: Besonders im Nutzgarten bewährt sich die Auswahl spezieller Obst- oder Gemüsesorten, die sich durch besondere Krankheits- und Schädlingsresistenz auszeichnen. Aber auch im Ziergarten gibt es z. B. bei Rosen Sorten, die gegenüber den typischen Pilzerkrankungen widerstandsfähiger sind.

Gesunder und lebendiger Boden: Ein lebendiger, reich besiedelter Boden ist die beste Voraussetzung für das Gedeihen von Pflanzen. Die Erhaltung und Förderung eines humusreichen und belebten Bodens zählt daher zu einem elementaren Bestandteil des vorbeugenden Pflanzenschutzes. Eine schonende Bodenbearbeitung sowie der Schutz der Erdoberfläche vor Witterung und Austrocknung durch eine Mulchdecke sind in diesem Sinne unerlässlich. Das Einarbeiten von Kompost und die Verwendung von Komposttees sind die besten Möglichkeiten, einen lebendigen Boden aufzubauen.

Fruchtfolge: Verschiedene Gemüsearten entnehmen dem Boden unterschiedliche Nährstoffmengen verschiedener Zusammensetzung. Daher werden im jährlichen Wechsel Gemüsearten mit unterschiedlichem Nährstoffbedarf auf ein und demselben Beet angebaut. Dieser Wechsel verhindert auch, dass sich spezifische Krankheiten und Schädlinge etablieren und ausbreiten können.

Mischkultur: Das bunte Durcheinander der Mischkultur ist eine wohlüberlegte Kombination verschiedener Gemüsearten, Kräuter und auch blühender Pflanzen, die sich gegenseitig fördern und sogar Krankheiten und Schädlinge voneinander fernhalten.

Förderung von Nützlingen: Durch naturnahe, vielfältige Gestaltung und sinnvolle Pflanzenauswahl werden Nützlinge angelockt und gefördert.

Stufe 2: Vorbeugende Pflanzenstärkung und angepasste organische Düngung

Eine gesunde Pflanze bezieht die zur Entwicklung benötigten Nähr- und Mineralstoffe in bestimmten Dosen zu bestimmten Zeiten. In organischen Düngern, Kompost und Komposttees sind Nährstoffe in Form organischer Verbindungen gebunden, die durch die im Boden enthaltenen Organismen umgewandelt und freigesetzt werden.

Bei der organischen Düngung wird nicht die Pflanze, sondern zuerst das Bodenleben ernährt. Dadurch wird es der Pflanze möglich, dem Boden benötigte Nährstoffe je nach Bedarf zu entnehmen. Diese bedarfsgerechte Ernährung beugt einerseits Mangelerscheinungen, andererseits auch einer Überversorgung vor und stellt daher die Basis einer gesunden Entwicklung dar.

Der Naturgarten hält hier eine große Auswahl an Pflanzen mit pflanzenstärkenden Wirkstoffen parat. Die gezielte Versorgung damit fördert die Widerstandskraft der Pflanzen gegen Schadorganismen und erhöht den Schutz vor nichtparasitären Beeinträchtigungen.

Stufe 3: Direkte Maßnahmen (physikalisch, biotechnisch)

Nehmen Schädlinge kurzfristig überhand, dann können diese durch einfache Maßnahmen entfernt (z. B. Abspritzen, Abschneiden) oder abgefangen (z. B. Farbtafeln, Leimringe) werden. Diese Maßnahmen sollten gezielt vorgenommen werden, um unschädliche Organismen und Nützlinge zu schonen.

Der Einsatz käuflicher Nützlinge findet hauptsächlich in Gewächshäusern statt. Florfliegen Raubmilben oder Nematoden, werden auch im Freiland eingesetzt.

Stufe 4: Biokonforme Pflanzenschutzmittel

Vor allem witterungsbedingt kommt es in manchen Jahren zu einem vermehrten Aufkommen von Pilzkrankheiten. Aber auch Schädlinge haben unter bestimmten Bedingungen (wie z. B. milden Wintern) erhöhte Vermehrungsraten. Als Mittel letzter Wahl stehen dann im Naturgarten biokonforme Pflanzenschutzmittel zur Verfügung. Dabei handelt es sich um Präparate, deren Wirkstoffe laut der EU-Bioverordnung im Biolandbau zugelassen sind.

Foto: Michael Tieck/Fotolia.com

Gelbtafeln, die mit einer klebrigen Schicht versehen sind, locken Trauermücken magisch an.

Die richtigen Pflanzen am richtigen Fleck: Perfekte Pflanzenaus- und Standortwahl

Die Auswahl und Zusammenstellung von Pflanzen nach ihren bevorzugten Standortbedingungen ist von besonderer Bedeutung. Das opulenteste Staudenarrangement verhilft nur kurz zu Gartenfreuden, wenn die ausgewählten Arten nicht an vorherrschende Lichtverhältnisse oder Bodenbeschaffenheit angepasst sind.

Die speziellen Ansprüche von Pflanzen an Boden und Klima müssen schon bei der Pflanzenauswahl berücksichtigt werden.

Fragen, die unbedingt vor dem Pflanzeneinkauf oder Einpflanzen geklärt werden:

- Braucht die Pflanze sonnige, halbschattige oder schattige Verhältnisse?
- Bevorzugt sie trockene, mittelmäßig mit Feuchtigkeit versorgte oder feuchte Standorte?
- Welche Ansprüche hat sie den Boden-pH-Wert betreffend: eher einen niedrigen pH-Wert (sauer) oder einen hohen pH-Wert (basisch, kalkhaltig)?

Sind die optimalen Bedingungen nicht gegeben, kommt es leicht zur Über- oder Unterversorgung der verschiedenen Pflanzengewebe mit Wasser, Nähr- und Mineralstoffen. Dieser Umstand führt früher oder später zu einer Beeinträchtigung des Pflanzenwachstums, mangelhafter Entwicklung verschiedener Pflanzenteile und zu Stress. Schädlinge und Krankheitskeime können sich auf gestressten Pflanzen besser und schneller ausbreiten.

Gut zu wissen

Spezielle Züchtungen von Rosen sollen nicht nur außergewöhnliche Blüten hervorbringen. Besonders hier gibt es einige Sorten, die eine hohe Resistenz gegenüber den typischen Rosenkrankheiten zeigen.
Rosen mit der Auszeichnung „ÖRP-Rose" (Österreichische Rosenprüfung) oder „ADR-Rose" (Anerkannte Deutsche Rose durch die Allgemeine Deutsche Rosenneuheitsprüfung) haben eine gute Widerstandskraft gegenüber Rosenkrankheiten. Dieses Prädikat kann jedoch nicht den richtigen Standort und die richtige Pflege ersetzen.

Bei Obst und Gemüse gilt es, die Auswahl zwischen verschiedenen Sorten zu treffen, die weniger anfällig gegenüber bestimmten Krankheitserregern oder der Beeinträchtigung durch spezielle Schädlinge sind.

Mischkultur – Fruchtfolge – Gründüngung

Mischkultur – das heilsame Durcheinander

Mischkultur im Gemüsegarten ist das Miteinander verschiedenster Pflanzen (Gemüsearten, Kräutern und Wildstauden), die sich gegenseitig helfen. Viele Pflanzen fördern sich nämlich z. B. durch Wurzelausscheidungen gegenseitig im Wachstum. Andere wiederum haben eine krankheits- und schädlingsabwehrende Wirkung und leisten damit einen wichtigen Beitrag zum

Foto: images72/Shutterstock.com

Der Bienenfreund (*Phacelia*) dient Bestäubern als Nahrungsquelle und dem Garten als Gründüngung.

biologischen Pflanzenschutz. So hält Salat den Befall von Erdflöhen an Radieschen gering, die Zwiebel wehrt, neben Karotten gesetzt, die Möhrenfliege ab, Kohlgewächse und Sellerie helfen sich gegenseitig gegen Kohlweißlingsbefall und Sellerierost.

Fruchtfolge – das sinnvolle Nacheinander

Um im Gemüsegarten der Bodenmüdigkeit entgegenzuwirken, werden im jährlichen Wechsel Pflanzen mit unterschiedlichem Nährstoffbedarf angepflanzt. Darauf basierend werden die verschiedenen Gemüsearten in Nährstoffbedarfsgruppen geteilt: Starkzehrer (z. B. Zucchini, Kürbis, Tomate, Kraut), Mittelzehrer (z. B. Salat, Radieschen) und Schwachzehrer (z. B. Bohne, Erbse). Auf einem gut gedüngten Gemüsebeet werden dementsprechend im ersten Jahr die besonders nährstoffbedürftigen Starkzehrer gepflanzt. Nach ihrer Kultivierung hat der Boden bereits etwas an Nährstoffen abgebaut und es folgen im nächsten Jahr die etwas weniger „hungrigen" Mittelzehrer, gefolgt von den sogenannten Schwachzehrern. Im Jahr darauf folgt die Gründüngung oder es wird wieder stärker organisch aufgedüngt.

Durch den jährlichen Wechsel an Gemüsearten im selben Beet wird auch der Befall mit Pflanzenkrankheiten und Schädlingen vermindert. Eine Fruchtfolge sollte immer mit der Mischkultur kombiniert werden.

Gründüngung – die Bodenkur

Dem Boden sollte im Idealfall alle 4 Jahre (nach dem Prinzip der Fruchtfolge) eine Erholungspause und -kur gegönnt werden. Gründüngungspflanzen, wie z. B. *Phacelia*, Inkarnatklee, Ringelblumen, Gelbsenf, Wicken, Bohnen, Lupinen, werden dafür ausgesät. Schmetterlingsblütler sind durch spezielle Wurzelbakterien in der Lage, Stickstoff aus der Luft zu sammeln und somit den Boden zu düngen.

Humusaufbau und Förderung des Bodenlebens finden dann durch das Einarbeiten der abgeschnittenen Gründüngungspflanzen in den Boden statt.

Ein solchermaßen gepflegter Boden bietet im folgenden Jahr die besten Voraussetzungen für gesundes und kräftiges Pflanzenwachstum.

Foto: jbphotographylt/Fotolia.de

Rasenschnitt ist ein ideales Mulchmaterial, das meist in großen Mengen anfällt.

Mulchen – den Boden schonend zudecken

Eine Mulchabdeckung schützt vor direkter Sonneneinstrahlung und hohen Temperaturen, aber auch vor starkem Regen und Abschwemmungen. Ist der Boden bedeckt, wird Feuchtigkeit gespeichert und es entsteht ein ausgeglichenes Mikroklima. Gemulchte Flächen erwärmen sich langsamer und verdunsten etwa ein Drittel weniger Wasser als offener Boden. In regenarmen Zeiten kann das helfen, Wasser zu sparen und den Boden vor Austrocknung zu schützen.

Mulch sollte besser in dünnen Schichten ausgebracht und öfter ergänzt werden, um ein Faulen von vor allem frischen Materialien zu verhindern.

Frisches Mulchmaterial ist gleichzeitig organischer Dünger, bringt Nährstoffe in den Boden ein und erhöht den Humusgehalt. Es fördert das Bodenleben und gibt ihm Nahrung. Sind die Organismen im Boden gut versorgt, beteiligen sich diese wiederum besonders stark an der Ausbildung einer lockeren Krümelstruktur. Zusätzlich wird das Aufkommen von Beikräutern unterdrückt. Es werden auch Nützlinge angelockt – viele von ihnen finden im Mulch einen Unterschlupf.

Als Mulchmaterial eignen sich: Rasen- oder Grasschnitt, Laub oder Stroh, Holz- oder Strauchschnitthäcksel, ausgejätete Beikräuter (ohne Samen!). Alle nicht bedeckten Böden können und sollten auch gemulcht werden: Gemüse- und Staudenbeete, unter Sträuchern und Hecken und auf Baumscheiben.

Förderung von Nützlingen

Nützlinge sind nicht nur die Gegenspieler von Schädlingen, sondern sie bestäuben auch Blüten – und damit einen großen Teil unserer Nahrungspflanzen –, sorgen im Boden für den Aufbau von Humus und stellen den Wurzeln Nährstoffe bereit.

Freiwillige Nützlingstruppe

Neben dem bekannten blattlausfressenden Marienkäfer gibt es eine Reihe nicht so geläufiger Vertreter der Nützlinge. Hundertfüßer z. B. leben im Falllaub und fressen dort unzählige Bodenschädlinge. Asseln, Würmer und Mikroorganismen verwandeln organischen Abfall in besten Kompost. Vögel vertilgen Raupen und schädliche Insekten. Dass der Igel Schnecken frisst, ist eher bekannt, aber schon weniger, dass auch Drosseln wahre Schneckenliebhaber sind. Erwachsene Florfliegen ernähren sich von

Foto: GARTENLeben

Spinnen wie diese Zebraspinne arbeiten als Nützlinge im Garten.

Pollen und Nektar. Sind sie gut versorgt worden, zeugen sie viele Nachkommen. Die Larven verzehren gefräßig Unmengen an Blattläusen. Aber auch Spinnen, in deren auffälligen Netzen Schädlinge hängen bleiben, und die winzigen, unscheinbar kleinen Raubmilben sind unverzichtbare Gehilfen im Naturgarten.

Einladung zum Essen

Da es sich bei Nützlingen um Wildtiere handelt, können sie nur, so gut es geht, in den Garten eingeladen werden, mit der „Bitte", Dauergäste zu werden: Mit einem köstlichen Büfett aus möglichst heimischen, ökologisch wertvollen Pflanzen, die ungefüllte Blüten haben, kann schon gut gepunktet werden. Wichtig ist hier eine Vielfalt an verschiedenen Pflanzen, damit das ganze Jahr über Nektar oder Pollen als Nahrung zur Verfügung stehen. Nicht nur Stauden, auch blühende und beerentragende Sträucher und natürlich Obstbäume sind eine besonders beliebte Futterquelle. Vor allem die Blütenstände der Doldenblütler wirken sehr anziehend auf Insekten. Die früh blühenden Weiden und Haselnüsse sind perfekte erste Nahrungsquellen im Frühjahr, über die sich besonders Wildbienen sehr freuen.

XXL-Luxussuite

Ein Naturgarten bietet den Nützlingen das ganze Jahr über nicht nur Nahrung. Er soll auch Herberge sein und Schutz gewähren. Die modernen Nützlingshotels und auch Nistkästen für Vögel können hier eine wertvolle Ergänzung zu natürlichen Nützlingsunterkünften sein. Nützlinge siedeln sich aber erst dann dauerhaft an, wenn die Gärten auch naturnahe Strukturen und Naturgartenelemente aufweisen.

Natürliche Nützlingsunterkünfte: Hier fühlen sich Nützlinge wie zu Hause und werden zu Dauergästen im Garten:

- Laub- und Totholzhaufen
- Trockensteinmauern und Steinaufschichtungen
- Blumenwiesen (es reichen auch Blumenwieseninseln oder -streifen)
- Wasserstellen oder Gartenteiche
- „Wildes Eck" als wichtiger Rückzugsraum und Refugium

Stehen lassen

Im Herbst heißt es „Nicht zu viel wegräumen", denn der Ordnungswut können viele wertvolle Überwinterungsplätze zum Opfer fallen. So werden Staudenbeete im Herbst nicht ausgeräumt – in den trockenen Halmen und unter dem welken Laub verbringen viele Insekten geschützt den Winter. Auch ein Streifen nicht gemähter Wiese reicht, um Winterquartiere zu schaffen. Unschätzbar – und im Herbst zum Glück in großen Mengen vorhanden – ist das Falllaub. Niedrigere Winterbehausungen werden geschaffen, wenn das Laub nicht weggeräumt, sondern auf Baumscheiben und unter Sträuchern und Hecken gerecht wird. Für den Igel muss es ein großer Laubhaufen in einer ganz ruhigen Ecke im Garten sein, aber Marienkäfer sind schon mit einer dünnen Laubschicht zufrieden.

Verzicht auf chemisch-synthetische Pflanzenschutzmittel

Nur wenn im Garten keine giftigen Spritzmittel verwendet werden, können sich Nützlinge dauerhaft ansiedeln und sofort zur Stelle sein, wenn die ersten Schädlinge auftreten. Daher kommen in einem Naturgarten weniger Schädlinge vor als in einem Garten, in dem regelmäßig Mittel gespritzt werden, die eben auch Nützlinge schädigen.

Foto: GartenAkademie.com

Nützlinge (wie z. B. hier Raubmilben) können auch in Hausgartenmengen bestellt werden.

Käufliche Nützlinge

Für den Hausgarten gibt es eine Reihe von Nützlingen, die im Fachhandel gekauft werden können: Florfliegenlarven, Schlupfwespen, Marienkäfer, Raubmilben und Nematoden. Ursprünglich kommt der gezielte Einsatz von extra dafür vermehrten Nützlingen aus dem Gartenbau, wo sie vorrangig in Glashäusern verwendet werden. Hier kann der Einsatz kontrolliert und das Abwandern verhindert werden.

Aber auch im Hausgarten kann die Verwendung durchaus sinnvoll sein. Vor allem mit Nematoden werden sehr gute Erfolge erzielt und sie haben sich als nebenwirkungsloses biologisches Pflanzenschutzmittel gegen Bodenschädlinge bestens bewährt.

Nützlinge im Porträt

Nützling	Was frisst der Nützling?	Förderung im Garten	Sonstiges
Erdkröte	Schnecken, Ameisen, Käfer, Würmer, Asseln und Spinnen	• Strukturreiche Gärten mit Unterschlupfmöglichkeiten • Laub-, Reisig- und Steinhaufen, Gewässer für die Eiablage	
Fledermaus	Nachtaktive Insekten	• Fledermauskästen aufhängen • Einflugmöglichkeiten in Dachböden, Scheunen oder Keller • Hohle Bäume stehen lassen	

Nützlinge im Porträt

Nützling	Was frisst der Nützling?	Förderung im Garten	Sonstiges
Florfliege	Larven sind wichtige Blattlausvertilger, erwachsene Florfliegen sind auch Blütenbesucher.	• Schuppen oder Dachboden als Überwinterungsplatz anbieten • Florfliegenunterkünfte aufstellen • Reiches Blütenangebot	Im Handel erhältlich
Gallmücke (Räuberische)	Larven fressen Blattläuse	• Reiches Blütenangebot • Wildes Eck	Im Handel erhältlich
Glühwürmchen	Nackt- und Gehäuseschnecken	Künstliche Beleuchtungen reduzieren	
Igel	Schnecken, Raupen, Würmer, Ohrwürmer, Hundert- und Tausendfüßer, Spinnen	• Strukturreiche Gärten mit vielen Versteckmöglichkeiten • Im Winter ruhige Überwinterungsplätze (Laubhaufen)	Insektenfresser, daher nicht mit Milch oder Obst füttern!
Laufkäfer	Blattläuse, Eier und Larven des Kartoffelkäfers, Raupen, Nacktschnecken, Würmer, schädliche Schmetterlingsraupen, Spinnen und Ameisen	• Strukturreiche Gärten: schattige Versteckmöglichkeiten, Wiesen und Hecken, Stein-, Laub- und Reisighaufen	
Marienkäfer und die Larve	Viele Blattlausarten, Schildläuse, Weiße Fliegen, Spinnmilben und andere saugende Insekten	• Lockere Steinhaufen, Laubhaufen • Wildes Eck	Im Handel erhältlich
Nematoden	Gegen Trauermückenlarven, Maulwurfsgrillen, Erdraupen und Dickmaulrüssler	Ausbringung	Im Handel erhältlich
Ohrwurm	Blatt- und Blutläuse, Spinnmilben sowie andere kleine Insekten, aber auch weiche Pflanzenteile	• Lockere Streuschichten aus Laub und Reisighaufen • Mit Holzwolle gefüllte Tontöpfe mit der weiten Öffnung nach unten auf Bäume hängen	
Raubmilbe	Thripse, Wurzel- und Pockenmilben, Kräuselmilben, Spinnmilben	• Wildblumen und Gräser • Strukturreiche Gärten	Im Handel erhältlich
Raubwanze	Thripse, Blattläuse, Blattsauger, Weiße Fliegen und Spinnmilben und auch Pollen	Ungestörte Flächen im Garten und Wilde Ecken	Im Handel erhältlich
Schlupfwespe	Parasitiert Raupen (z. B. von Apfelwickler, Kohlmotte, Kohlweißling oder Prozessionsspinner), Fliegen-, Blattwespen- und Käferlarven sowie Blattläuse, Minierfliegen, Maiszünsler, ernähren sich von Nektar und Honigtau	• Strukturreiche Gärten mit Hecken, Sträuchern, Bäumen • Rückzugsflächen • Doldengewächse, Stauden, Brennnesselbestände	Im Handel erhältlich
Schwebfliege	Larve: Blattläuse; erwachsene Schwebfliege: Blütennektar, Pollen- und Honigtau	• Blütenreiche Gärten – vorwiegend Dolden- und Korbblütler • Strukturreiche Gärten	Im Handel erhältlich

Nützlinge im Porträt

Nützling	Was frisst der Nützling?	Förderung im Garten	Sonstiges
Spinnentiere (z. B. Webspinne, Weberknecht)	Fliegen, Mücken und Blattläuse	• Ungestörte Flächen im Garten • Vermeidung von intensiver Bodenbearbeitung	
Spitzmaus	Engerlinge, Drahtwürmer, Schnecken, kleine Wirbeltiere, Aas, gelegentlich Samen	• Reisig-, Altholz-, Laub- oder Steinhaufen	
Tigerschnegel und Wurm-schnegel	Andere Nacktschnecken und deren Gelege, Pilze, Flechten, Algen sowie zerfallendes organisches Material	• Ungestörte Flächen im Garten • Schattige, feuchte Plätze	
Vogel	Läuse, Raupen, Wanzen, Wespen, Würmer, Sämereien, Obst, Beeren	Bäume, Hecken, Blüh- und Beeren-sträucher	
Wildbiene und Hummel	Nektar und Pollen von Blütenpflanzen – wichtige Bestäuber	• Blütenreiche Gärten: Obstbäume, Stauden, Sträucher, blühende Kräuter, Blumenwiesen • Belassen von Pflanzenstängeln, morschem Holz, offenen, trockenen Bodenflächen • Nützlingshotels	Hummeln und Mauerbienen im Handel erhältlich als Bestäubungs-hilfe
Zauneidechse	Würmer, Schnecken, Insekten und Spinnen	• Trockensteinmauern und Steinhaufen in der Sonne • Möglichst wenige Störungen (z. B. durch Mähen, Jäten)	Im Hausgarten sind Katzen die Hauptfeinde!

Sorgsamer Umgang mit dem Boden

Bestandteile des Bodens

Die oberste Schicht des Bodens kann unterschiedlich mächtig sein. In manchen Gegenden kann tief gegraben werden, in anderen stößt man bald auf Stein. Boden ist ein Mix aus mineralischen Bestandteilen (aus fein verwittertem Gestein), Luft, Wasser, gelösten Mineralien, organischen Anteilen, Wurzeln und Lebewesen. Doch nur in einem belebten Boden wachsen gesunde Pflanzen heran.

Je nach Gegend und Ursprungsgestein kann der Boden mehr basisch oder eher sauer sein. Der pH-Wert ist ein wichtiger Faktor für das Pflanzenwachstum. Machen Sie eine Bodenprobe; sie gibt Auskunft über den genauen pH-Wert. In sauren Böden sind manche Nährstoffe festgelegt und können von den Pflanzen nicht aufgenommen werden – hier kann dann Kalk hinzugefügt werden, um gute Wachstumsbedingungen im Boden zu schaffen. Ein zusätzliches Kalken in Gebieten mit einem hohen pH-Wert führt jedoch zu einem Auslaugen der Böden!

Die nützliche Unterwelt

Der Boden ist quasi ein eigenes Universum unter unseren Füßen. Es ist kaum zu glauben, dass es in einer Handvoll Boden mehr Lebewesen gibt, als Menschen auf der Welt leben.

Neben Regenwurm, Springschwanz, Assel & Co. tummeln sich – für das bloße Auge unsichtbar – in 1 Gramm intaktem Boden circa 10 Milliarden Mikroorganismen. Dazu gesellen sich 1 Milliarde Archaeen (eine den Bakterien ähnliche Gruppe an Lebewesen) und Pilze, die in ihrer Biomasse meist genauso stark vertreten sind wie die Bakterien und Archaeen zusammen. Was all diesen Organismen an Größe fehlt, gleichen sie durch ihre immense Anzahl und Vielfalt aus.

Jede Art erledigt im Reich des Bodens ihre eigenen Aufgaben: Regenwürmer zerkleinern; durchwühlen und durchlüften z. B. den Boden; Aktinomyceten zersetzen schwer abbaubare Bestandteile wie Chitin oder Zellulose und so weiter.

Letztendlich ist die hochdynamische Gemeinschaftsleistung unzählig vieler verschiedener winziger Einzelkämpfer entscheidend für das Funktionieren der Nährstoff- und Energiekreisläufe sowie für den Humusaufbau und beeinflusst maßgeblich das Aufrechterhalten einer gesunden Bodenstruktur.

Foto: Dario Sabljak/Shutterstock.com

Lehmiger Boden hält die Feuchtigkeit gut.

Lehmböden sind für das Pflanzenwachstum ideal: Sie haben eine ausgeglichene Körnungsstruktur und können Wasser und Nährstoffe gut speichern. Durch das gute Krümelgefüge können Pflanzenwurzeln gut wachsen und der Boden ist leicht zu bearbeiten. Schwere Böden (fälschlicherweise oft als „Lehm"boden bezeichnet) können durch die Zugabe von Quarz-Sand, leichte Böden durch das Einarbeiten von Tonmineralien und Kompost verbessert werden.

Über das Leben bei den Wurzeln – fruchtbare Lebensgemeinschaften

Auf und um Pflanzenwurzeln ist der Andrang an Mikroorganismen besonders groß. Im Wurzelbereich, der sogenannten Rhizosphäre, unterscheidet sich die Zusammensetzung des Bodens deutlich von nicht durchwurzelten Bereichen. Mithilfe einer großen Vielfalt an chemischen Signalmolekülen, wie Aminosäuren oder Phytohormonen, wird kommuniziert und es findet ein reger Austausch statt. Hier hängen die Bakterien quasi am „Zuckertropf" – sie werden von den Pflanzenwurzeln bestens mit kostbarem Zucker und anderen wertvollen Wurzelausscheidungen versorgt.

Von diesen engen Partnerschaften profitieren aber auch die Pflanzen: Bakterien versorgen sie mit wichtigen Nährstoffen, die sonst nur schwer zugänglich sind, stimulieren ihr Wachstum, fördern die Stressresistenz und wehren so manche Krankheit ab. Es wird sogar vermutet, dass Pflanzen ohne die vielen Mikroorganismen in ihrer natürlichen Umgebung eigentlich nicht lebensfähig sind.

Ein bekanntes Beispiel einer Pflanzen-Bakterien-Ehe ist wohl jene zwischen den Knöllchenbakterien und den Hülsenfrüchtlern. Sie leben in Symbiose und meistern gemeinsam die Stickstofffixierung aus der Luft – unter optimalen Bedingungen jährlich bis zu 400 Kilogramm Stickstoff pro Hektar.

Unterirdische WGs – Pflanzen und ihre Mitbewohner

Einige Bakterien, die sogenannten Endophyten, kolonisieren sogar internes Wurzelgewebe und mieten sich in den Pflanzenwurzeln ein. Die Pflanzen wählen dabei sehr gezielt aus, welchen Mikroorganismen sie über die Wurzeln Zutritt gewähren, und beherbergen somit eine einzigartige, sorgfältig verlesene Gruppe an Wurzelbewohnern. Manchmal wandern die Mikroorganismen sogar bis hinauf in die Blätter und Blüten. So finden sich in den oberirdischen Pflanzenteilen etwa 1000 Bakterien pro Gramm Pflanze.

Endophyten sind ebenso wie andere Rhizosphärenbakterien daran beteiligt, das Wachstum der Wirtspflanzen zu verbessern und sie widerstandsfähiger gegenüber Krankheiten und extremen Umweltbedingungen, wie z. B. Trockenheit oder Kälte, zu machen. Dass sogar das Aroma mancher Früchte von Endophyten abhängt, zeigt einmal mehr, dass Pflanzen nicht für sich allein, sondern nur gemeinsam mit ihrer zugehörigen Mikroflora funktionieren. So besteht z. B. der typische Erdbeergeschmack aus mehr als 300 verschiedenen Komponenten, die nicht alle von der Erdbeerpflanze selbst, sondern nur unter Mitwirkung ihrer Untermieter produziert werden.

Foto: Rowan Adams/Wikimedia

Knöllchen an Wurzeln eines Hülsenfrüchtlers.

Pflanzenstärkung und angepasste organische Düngung

Im Naturgarten ist klar: Es werden nicht in erster Linie die Pflanzen ernährt, sondern die Bodenlebewesen, die durch ihre Zerkleinerungs- und Zersetzungsprozesse harmonische Nährstoffzusammensetzungen für die Pflanzen schaffen und diese zur richtigen Zeit bereitstellen.

Viele verschiedene organische Biodünger – allen voran Kompost und Komposttee – stehen im Naturgarten zur Verfügung.

Organische Dünger im Fachhandel

Organische Dünger sind – im Gegensatz zu den chemisch-synthetischen – pflanzlichen

(Raps, Sonnenblumenschrot, Melasse, Trester etc.) oder tierischen Ursprungs (Huf- oder Hornmehl und -späne, Blutmehl, Federmehl, Mist etc.). Diese Dünger werden sowohl in flüssiger als auch in gekörnter oder pelletierter Form angeboten.

Kompost: Organische Düngung und Heilung mit Kompost

Wird Kompost oberflächlich in den Boden eingearbeitet, kommt ein komplexer Ablauf in Gang, der den Boden umfassend verbessert.

Positive Wirkungen von Kompost im Boden

Kompost deckt als organischer Dünger den Nährstoffbedarf der Gartenpflanzen. Die Nährstoffe werden den Pflanzen durch die Bodenlebewesen genau dann verfügbar gemacht, wenn die Pflanzen sie benötigen.

Kompostbeigaben erhöhen auch den Humusanteil, wodurch eine bessere Bodenstruktur aufgebaut wird. Krümeliger Boden ist locker, gut durchlüftet und kann gut Wasser und Nährstoffe speichern.

Kompost reichert den Boden zusätzlich mit einer Vielzahl an Mikroorganismen an und ist zugleich Nahrung für das Bodenleben. Ein reiches Bodenleben bereitet nicht nur einen guten und krümeligen Boden, sondern verdrängt auch bodenbürtige Krankheiten.

Düngung

Durch die Kompostierung aller Grün- und Küchenabfälle schließt sich der Nährstoffkreislauf im Garten – aus Abfällen wird ein vollwertiger

Foto: PAKULA PIOTR/Shutterstock.com

Erdbeergeschmack entsteht unter Mitwirkung der Mikroflora.

Dünger. Gute Komposterde enthält alle wichtigen Pflanzennährstoffe in ausreichender Menge und versorgt die Pflanzen besonders harmonisch mit Nährstoffen. Im Normalfall reichen die anfallenden Kompostmengen für die Düngung aller Gartenpflanzen aus. Die benötigten Mengen sind nicht besonders groß: 2 bis 6 Liter Kompost pro Quadratmeter sind völlig ausreichend.

Biokontrolleigenschaften

Bisher viel zu wenig beachtet wurde die direkte positive Wirkung von Kompost auf die Pflanzengesundheit. Verantwortlich dafür sind die un-

Foto: GARTENLeben

Kompostwürmer leisten wertvolle Arbeit.

zähligen Mikroorganismen, die über den Kompost dem Boden zugeführt werden. Durch die starke Belebung finden dann Krankheitserreger entweder weniger Platz, um sich auszubreiten, oder sie werden durch natürliche Gegenspieler in Schach gehalten.

Komposttees

Die Biokontrolleigenschaften werden bei der Verwendung von Komposttees noch gesteigert. Studien zeigen, dass 1 Liter Komposttee mehr als 10 Milliarden Mikroorganismen enthält. Ein wahrer „Immunsystem-Booster", wenn man bedenkt, dass ein gesundes Bodenleben bodenbürtige Krankheiten verdrängt. Die Krankheitserreger haben sozusagen weniger Platz, um sich auszubreiten, und zusätzlich sind ihre natürlichen Gegenspieler in der Überzahl. Durch die Auszüge, also das Einwirken des Komposts für 2 bis 24 Stunden in Wasser, vermehren sich die Mikroorganismen explosionsartig. Die flüssigen Komposttees können dann zusätzlich zur Pflanzenstärkung direkt auf die Pflanzen gesprüht werden.

Wissenschaftliche Studien, die das „Innenleben" dieser Komposttees genau unter die Lupe genommen und die Vielfältigkeit und Anzahl der Mikroorganismen untersucht haben, bestätigen die positiven Wirkungen der Komposttees. Die Studienergebnisse sind unter www.gartenleben.at/studien abrufbar.

Pflanzenstärkung: Wirkstoffe und Wirkungsweise

Im Naturgarten ist der Einsatz von pflanzenstärkenden Mitteln eine ganz wesentliche Methode, Pflanzen gezielt widerstandsfähiger zu machen.

Rechtliche Regelung

Rein rechtlich gesehen sind Pflanzenstärkungsmittel Substanzen, die keine unmittelbare Wirkung auf den Schaderreger zeigen, sondern dazu bestimmt sind, der allgemeinen Gesunderhaltung der Pflanze zu dienen.

Weder auf Pflanzenstärkungs- noch auf Pflanzenhilfsmittelprodukten darf daher nach dem neuen Pflanzenschutzgesetz eine direkte Wirkung gegen Schädlinge und Krankheiten beschrieben werden.

In Österreich werden Pflanzenstärkungsmittel als Pflanzenhilfsmittel bezeichnet und sollen die Widerstandsfähigkeit der Pflanze erhöhen. Der Einsatz von Pflanzenhilfsmitteln ist im Dünge-

So halten Sie Ihren Boden und die Bodenwelt fit:

- Nur organisch düngen
- Kompost als Grunddüngung und Bodenbelebung
- Mulchen
- Schonende Bodenbearbeitung
- Nur bei sehr schwerem Boden umstechen

Foto: GARTENLeben

Kompostee ist einfach in der Anwendung.

mittelgesetz, in Deutschland sind Pflanzenstärkungsmittel im Pflanzenschutzgesetz geregelt.

In Deutschland gelistete Pflanzenstärkungsmittel dürfen jedoch auch unter dieser Bezeichnung in Österreich verkauft werden. So kann es zu der Situation kommen, dass Mittel mit demselben Wirkstoff in Österreich einmal als Pflanzenhilfsmittel, ein anderes Mal als Pflanzenstärkungsmittel verkauft werden.

Natürliche Schutzschilde

Das generelle Prinzip hinter der Wirkungsweise einiger Mittel ist, dass die pflanzeneigenen Widerstandskräfte gegen Schadorganismen und Krankheiten erhöht werden, indem das Zellgewebe gestärkt wird oder auch Stoffe eingelagert werden. Somit wird das Eindringen von Keimen, Sporen und anderen Schaderregern erschwert oder sogar verhindert – es entstehen sozusagen „kleine Schutzschilde". Sie enthalten auch Stoffe, die abschreckend oder tödlich für Bakterien, Pilze und Insekten sein können.

Induzierte Resistenz

Die Anwendung vieler Pflanzenstärkungsmittel ruft also eine Reaktion in den Pflanzen hervor, die einer Impfung beim Menschen ähnelt und induzierte Resistenz genannt wird. Die Pflanze bildet daraufhin auch Abwehrstoffe: z. B. Senföl- oder Blausäureglykoside sowie Chitinasen.

Bei vorbeugendem Einsatz und regelmäßiger Anwendung zeigen diese Präparate ein durchweg gutes Ergebnis. Dabei beeinflussen Faktoren wie Anwendungshäufigkeit und Witterung maßgeblich die Wirksamkeit der Präparate. Pflanzenstärkungsmittel bauen sich nämlich rasch ab. Daher ist eine wiederholte Anwendung notwendig, um einen gewünschten Effekt zu erzielen. Um zufriedenstellende Ergebnisse zu erhalten, ist hier die Disziplin des Naturgärtners gefragt.

Gesündere Pflanzen

Pflanzenstärkungsmittel können auch die Chlorophyllbildung (= grüner Pflanzenfarbstoff) aktivieren, sie regen oftmals den Stoffwechsel und den Zellaufbau an, sie verstärken die Wurzelbildung, verbessern die Nährstoffaufnahme und sorgen für ein gesundes Sprosswachstum. Außerdem enthalten sie Stoffe, die die Bodenstruktur positiv beeinflussen.

Pflanzenstärkungsmittel auf organischer Basis

Zu dieser Gruppe zählen ätherische Öle, Fettsäuren, Pflanzenextrakte, Wachse, Algen- und Kompostpräparate sowie Extrakte tierischer Produkte.

Pflanzenstärkungsmittel auf anorganischer Basis

Hierzu zählen Silikate (z. B. Gesteinsmehl), Karbonate ($CaCO_3$, $NaHCO_3$), Tonerden und Kreide.

Foto: Aynur_sib/Shutterstock.com

Gestärkte Pflanzen ergeben eine erfolgreiche Ernte.

Pflanzenstärkungsmittel auf mikrobieller Basis

Von einer mikrobiellen Basis spricht man, wenn Präparate Bakterien oder Pilze enthalten. Des Weiteren gibt es homöopathische und bioenergetische Mittel (Präparate im biologisch-dynamischen Anbau nach Rudolf Steiner). Die Pflanzenstärkung zeigt sich dabei oftmals in der Ausbildung einer dickeren Epidermis (= äußerste Gewebeschicht) oder Einlagerung von Stoffen in die Epidermis. Die äußerste Gewebeschicht ist somit gestärkt und das Eindringen von Schadorganismen in die Pflanze wird verhindert (z. B. silikathaltige Produkte).

Pflanzen stärken Pflanzen

Als pflanzliche Ausgangsstoffe für pflanzenstärkende Mittel dienen unter anderem Brennnessel, Ackerschachtelhalm, Beinwell, Rainfarn, Wermut, Knoblauch, Schafgarbe oder Holunder. Als abschreckende Mittel, sogenannte Repellents, dienen oft ätherische Öle. Der strenge Geruch soll Schädlinge von der Pflanze fernhalten. Lockstoffe, sogenannte Attractants, werden verwendet, um Nützlinge anzulocken.

Brühen und Jauchen selbst herstellen

Stellen Sie sich Ihre „Schutzschilde" selbst her – aus z. B. Ringelblume, Löwenzahn, Kapuzinerkresse, Zwiebel … – wobei Ackerschachtelhalm das Stärkungsmittel Nummer 1 im Biogarten ist. Es macht Pflanzen widerstandsfähiger gegen Pilzerkrankungen, Spinnmilben und Blattläuse. Jungpflanzen und alle frischen Triebe von Stauden und Gehölzen wie Rosen oder Obstbäumen werden regelmäßig mit der Brühe aus Ackerschachtelhalm besprüht.

Pflanzenbrühe: 1 Kilogramm frische oder 150 Gramm getrocknete Kräuter werden zerkleinert, mit 10 Litern Wasser übergossen und ca. 24 Stunden stehen gelassen. Anschließend für 20 bis 30 Minuten schwach aufkochen und abseihen. Die Brühe wird 5-fach verdünnt und in Abständen von 2 bis 3 Wochen vom Frühling bis zum Sommer wird damit gespritzt.

Pflanzenjauche: 1 Kilogramm frische Kräuter und 10 Liter Wasser in ein Fass oder einen Kübel geben und ca. 2 Wochen locker zugedeckt vergären lassen, einmal täglich umrühren. Die fertige Jauche kann 1 : 10 bis 1 : 20 verdünnt alle 1 bis 2 Wochen zu den Pflanzenwurzeln gegossen werden. Eine Handvoll Steinmehl auf die Oberfläche gestreut, bindet den etwas strengen Geruch.

Komposttee: Ein alter Leinensack oder ein Tuch wird mit Kompost gefüllt, in einen Eimer mit Wasser gehängt und über Nacht stehen gelassen. Diese natürliche Pflanzenstärkung kann nun unverdünnt 1-mal pro Woche an Pflanzen verabreicht werden. Mittlerweile gibt es auch schon Fertigprodukte im Handel.

Traditionelle Garten-Hausmittel	Anwendung
Ackerschachtelhalm	**Brühe, Jauche:** Alle frischen Austriebe regelmäßig spritzen, wirkt gegen Pilzerkrankungen, Spinnmilben, Blattläuse und „Umfallkrankheit" von Sämlingen.
Backpulver = Natriumhydrogencarbonat	Wirkt gegen Echten Mehltau. (5g bis 10 g in 1 Liter Wasser auflösen)
Beinwell	**Jauche:** Als Düngung für stark zehrendes Gemüse, kräftigt die Pflanzen.
Brennnessel	**Jauche:** Stickstoffdünger für stark zehrendes Gemüse, allgemein stärkend und gesund erhaltend. **Kalter Auszug:** Kalter Auszug und teilweise auch gärende Jauche für Pflanzen, die gegenüber saugenden Schädlingen (z. B. Blattläusen) empfindlich sind.
Farnkraut	**Extrakt:** Hilft Pflanzen, die gegen beißende und saugende Insekten empfindlich sind. **Brühe:** Hilft Pflanzen, die gegen saugende Insekten wie z. B. Schild-, Blatt- oder Schmierläuse, empfindlich sind. **Jauche:** Hilft Pflanzen, die gegen beißende und saugende Insekten oder Rostpilze empfindlich sind.
Gesteinsmehl	Hilft Pflanzen, die gegen beißende und saugende Insekten und Pilzkrankheiten empfindlich sind.
Holunder	**Jauche:** Der Geruch der Jauche vertreibt (kurzzeitig) Wühlmäuse und Maulwürfe.
Knoblauch	**Jauche, Tee:** Zur Gesunderhaltung und Stärkung von Pflanzen, die gegenüber Pilzkrankheiten empfindlich sind, Beispiel: Echter Mehltau an Rosen und Gurken.
Komposttees (Kaltwasserauszüge)	**Kaltwasserauszug/Komposttee:** Zur Gesunderhaltung und Kräftigung von Pflanzen, die gegenüber Pilzerkrankungen empfindlich sind
Kren/Meerrettich	**Tee:** 1 : 1 verdünnt: Zur Gesunderhaltung und Kräftigung von Pflanzen, die gegenüber *Monilia* empfindlich sind; 1 : 5 verdünnt (auch nach dem Rückschnitt erkrankter Bäume); 1 : 1 verdünnt: bei akutem Befallsdruck. **Brühe:** Zur Gesunderhaltung und Kräftigung von Pflanzen, die gegenüber *Monilia* empfindlich sind.
Milch	**Gemisch Milch : Wasser = 1 : 9.** Hilft Pflanzen, die gegenüber Pilzkrankheiten, wie z. B. Echten Mehltau, empfindlich sind.
(Süß-)Molke	**Gemisch Molke : Wasser = 1 : 9.** Hilft Pflanzen, die gegenüber Pilzkrankheiten, wie z. B. Echten Mehltau, empfindlich sind.
Rainfarn	**Tee:** Hilft Pflanzen, die gegen Milben, Blattläuse, diverse Schmetterlingsraupen, wie z. B. Frostspanner, empfindlich sind. **Brühe, Jauche:** Hilft Pflanzen, die gegen Milben und Insekten empfindlich sind.

Traditionelle Garten-Hausmittel	Anwendung
Wermut	**Tee:** Abschreckend gegen Milben und Insekten, wie z. B. Blattläuse, Kirschfruchtfliegen, Brombeer- und Erdbeermilben, Apfelwickler, Bohnenläuse, Erdraupen, Pflaumen-Sägewespen, Erbsenblattrandkäfer; hilft Pflanzen, die gegenüber dem Säulchenrost der Johannisbeere empfindlich sind. **Brühe:** Abschreckend gegen Milben und Insekten, wie z. B. Ameisen, Raupen, Läuse, Bohnen- und Wurzelfliegen, Brombeer- und Erdbeermilben, Apfelwickler und Kohlweißling; hilft Pflanzen, die gegenüber dem Säulchenrost der Johannisbeere empfindlich sind. **Jauche:** Abschreckend gegen z. B. Schnecken, Ameisen, Dickmaulrüsslerlarven, Blattläuse, Raupen und Erdflöhe.
Zwiebel	**Tee, Jauche:** Allgemein kräftigend, hilft Pflanzen, die gegenüber Pilzinfektionen empfindlich sind, z. B. Beerensträucher und Obstbäume; Abwehr der Karottenfliege.

Direkter ökologischer Pflanzenschutz

Ab wann ist direkter Pflanzenschutz notwendig?

Tiere und Krankheitskeime halten sich nicht an Gartengrenzen. So kommt es, dass diese früher oder später auch die Pflanzen im eigenen Garten entdecken. Zwei wesentliche Punkte sind dabei jedoch zu bedenken:

Wer ausschöpfend die Basis der Pflanzenschutzpyramide im Garten umgesetzt hat (Vorbeugung, Pflanzenstärkung, organische Düngung), kann davon ausgehen, dass die Pflanzen weniger stark befallen werden. Einen eventuellen Befall werden sie auf jeden Fall leichter überstehen.

Bei Schädlingen ist ein gewisser Befall immer tolerierbar und auch notwendig, um eine ausreichend große Nützlingstruppe im Garten zu haben, die im Ernstfall dann sofort aktiv werden kann.

Schadschwellen

Wichtig ist hier, die Schadschwelle richtig einschätzen zu können. Dieser Begriff kommt aus der Landwirtschaft und beschreibt die Schädlingsdichte, ab der Maßnahmen getroffen werden müssen, um einen wirtschaftlichen Schaden zu vermeiden. Wenn hier z. B. schon durch einen geringen Befall alles auf dem Spiel steht, wird die Schadschwelle niedrig sein.

Im Naturgarten werden andere Maßstäbe anzuwenden sein. Was sind denn meine Ernteerwartungen? Bin ich wirklich existenziell von der Ernte abhängig und ernähre davon meine ganze Familie? Was steht denn tatsächlich auf dem Spiel, wenn ich nicht eingreife? Was habe ich schon für Erfahrungen gemacht? Was raten mir andere, erfahrene Gärtnerinnen und Gärtner oder das „Natur im Garten" Telefon zu meinem Problem?
Je nachdem, um welchen Schädling oder welche Krankheit es sich handelt, kann die Schadschwelle sehr unterschiedlich sein.

So wird z. B. Birnengitterrost erst ab 5 bis 7 Flecken pro Blatt zu einem Problem für den Baum. Spinnmilben und Blattläuse schädigen vitale Pflanzen eher selten und nur bei einem massiven Befall. Bei Feuerbrand hingegen sollte rasch gehandelt werden; hier ist die Schad- beziehungsweise Bekämpfungsschwelle sehr niedrig.

Direkte Maßnahmen (manuelle, mechanische, technische, biologische)

Es gibt viele Schädlinge und Krankheiten, die in einem Garten vorkommen können. Deshalb ist es wichtig, sich einen genauen Überblick über das Schadbild zu machen. Nur wenn Sie den Schaderreger identifiziert haben, wird die Behandlung gezielt möglich und erfolgreich sein.

Zur Beobachtung nützlich sind: Lupe, Pinzette, Glasbehälter. Tiere und Insekten immer vorsichtig begutachten. Wenn z. B. neben Blattläusen eigenartige „Würmchen" zu sehen sind, entpuppen diese sich meist als Larven von Flor- oder Schwebfliegen, also Nützlingen! Diese und sonstige Gartenbewohner am besten wieder dorthin zurücksetzen, wo man sie weggenommen hat.

Fachleute können weiterhelfen, wenn Sie eine genaue Beschreibung oder aussagekräftige Fotos haben.

Mechanisch-manuelle Methoden – Schädlingsbekämpfung als „Handarbeit"

Absammeln

Zu den mechanischen Methoden zählen das Absammeln oder Abbürsten von Schädlingen,

Foto: GARTENLeben

Die Schadschwelle bei Birnengitterrost liegt bei 5–7 Flecken pro Blatt.

wie z. B. dem Kartoffelkäfer oder gefräßigen Kohlweißlingsraupen und Schnecken – letztere am besten frühmorgens oder spätabends absammeln.

Abspritzen

Eine weitere Möglichkeit, um lästigen Schädlingen Einhalt zu gebieten, ist das Abspritzen mit dem Gartenschlauch. Blattläuse müssen nicht gleich mit einem Pflanzenschutzmittel bekämpft werden. Vor allem im Sommer, wenn öfter gegossen wird, macht es nicht viel Arbeit, die Schädlinge mit dem scharfen Strahl des Gartenschlauchs regelmäßig abzuspritzen. Und, was

Foto: Foto corlaffra/Shutterstock.com

Eine Florfliegenlarve neben einer Blattlaus.

im Naturgarten ja besonders wichtig ist: Wasser ist ungiftig und nebenwirkungsfrei!
Eine frühe Blattlausbekämpfung im Frühjahr ist sinnvoll, denn diese Blattläuse sind die Stammmütter der nächsten Generationen. ABER: Entfernen Sie sie nicht gleich alle Läuse restlos. Sie sind eine wichtige Nahrungsquelle für die ersten Marienkäfer. Fehlt diesen fressfreudigen Tierchen eine erste Stärkung im Jahr, sinkt ihre Überlebenschance und ihre Vermehrungsrate. Das hat zur Folge, dass sie im Jahresverlauf den Blattläusen unterlegen sind. Diese könnten sich nun ungehinderter ausbreiten und erst recht zu einem Problem werden.

Abschneiden

Triebe, die sehr stark von Schädlingen befallen sind, werden besser als Ganzes abgeschnitten. Bei kranken Pflanzenteilen heißt es sowieso: So rasch wie möglich entfernen, um ein weiteren Ausbreiten zu verhindern! Zurückgeschnitten wird immer bis in die gesunden Pflanzenteile hinein, damit keine Erreger auf der Pflanze verbleiben und zu einer erneuten Infektion führen. Ein Beispiel hierfür wäre das Ausschneiden von Zweigen, die mit Monilia befallen sind.

Bekämpfung von Beikräutern …

Das Ausjäten von Beikräutern ist umso wirkungsvoller, je früher im Jahr damit begonnen wird und je regelmäßiger die Sache angegangen wird. Bei Wurzelunkräutern müssen alle Wurzelteile entfernt werden, da von jedem im

Tipp

Schauen Sie auch immer auf die Blattunterseite. Prüfen Sie den Wurzelbereich sowie die nähere Umgebung. Was können Sie alles finden? Täter auf frischer Tat? Fraßspuren, Eier, Gespinste und sonstige Gebilde, Flecken und Belege oder weiches Gewebe? Denken Sie nach: Wie wurde gedüngt und gegossen? Wie lange und wie stark ist die Sonneneinstrahlung – vertrocknete Blätter und Blattflecken sind oft „Verbrennungen". Bestimmte Standortfaktoren begünstigen manche Schäden. Können die Pflanzen nach Regen nicht gut abtrocknen, ist ein Pilzbefall wahrscheinlicher. Auch Staunässe lässt die Blätter von Pflanzen welken.

Boden verbliebenen Wurzelstück eine neue Pflanze heranwachsen kann. Bei leicht feuchtem Boden geht es einfacher.

Nicht alle Pflanzen, die von allein kommen, sind Unkräuter! Vergissmeinnicht, kriechender Günsel, Klatschmohn & Co. können auch eine schöne Ergänzung im Staudenbeet sein und können leicht entfernt werden, wenn sie überhandnehmen. So manches als lästig verurteilte Unkraut, wie etwa Löwenzahn oder junge Gierschblätter, sind eine wahre Vitamin- und Nährstoffbombe und können für Salate oder grüne Smoothies verwendet werden. In entfernteren Randbereichen haben diese Wildkräuter daher durchaus eine Daseinsberechtigung.

… mit Hitze

Mit speziellen Abflammgeräten können unerwünschte Pflanzen gut auf nicht befestigten Wegen oder in Pflasterritzen behandelt werden. Bei der thermischen Unkrautbekämpfung wird das Gewebe von Pflanzen durch Erhitzung zerstört. Dabei werden auch Samen und Keimlinge abgetötet; somit fällt auch die nächste Unkrautwelle aus!

Schädlingsbekämpfung mit Lärm

Wühlmäuse und auch die nützlichen Maulwürfe mögen es nicht gern laut und wandern eventuell weiter, wenn zu viel Lärm gemacht wird. Eisenstangen, die in den Boden gerammt werden und auf die man ab und an einschlägt, sind eine Methode zur Wühlmausvertreibung.

Wichtig: Die Geräusche müssen für die Tiere unerwartet (also unregelmäßig) kommen, sonst gewöhnen sie sich daran.

Tipp

- Scharfe Werkzeuge benutzen – schnellere Heilung bei glattem Schnitt.
- Verwendete Werkzeuge gründlich reinigen, z. B. mit 70-prozentigem Alkohol – verhindert die Übertragung von Bakterien, Pilzen und Viren.

Technische Methoden

Zu den technischen Maßnahmen zählen alle Methoden, die Blumen, Gemüsepflanzen und Obstbäume gegen schädliche Einflüsse abschirmen und so eine Schädigung verhindern.

- **Gitter und Zäune** (mindestens 1,5 bis 2 Meter hoch) verhindern Wildschäden.
- **Insektenfanggürtel** an Bäumen halten gewisse Obstschädlinge davon ab, ihren Weg in die Baumkrone anzutreten.

Foto: Vita Serendipity/Shutterstock.com

Abgesammelte Kartoffelkäfer werden mit kochend heißem Wasser übergossen, um sie rasch abzutöten!

Foto: Tetiana Shumbasova/Shutterstock.com

Manche „Unkräuter" sind wertvolle Vitaminlieferanten.

- **Vogel- und Kulturschutznetze** sowie **Vliese** verhindern, dass ein Teil der Ernte verloren geht. Engmaschige Netze (0,7 x 1 Millimeter) wehren mit gutem Erfolg alle Arten von Gemüsefliegen (z. B. Kohl und Zwiebelfliege) sowie Erdflöhe ab.
- **Leimringe** helfen z. B. gegen Frostspanner. Sie verhindern, dass die Weibchen zur Paarung und Eiablage in die Baumkrone klettern. Die Ringe verbleiben von Mitte Oktober bis Ende Dezember am Baum. Verklebte Leimringe auszuwechseln verhindert, dass die Frostspannerweibchen über die festklebenden Artgenossen hinweglaufen. Im Frühjahr verhindern Leimringe, dass Ameisen Blattläuse in Bäume schleppen. Leimringe immer nur zu Befallszeiten anbringen, da auch andere Insekten daran kleben bleiben.
- Eine **Mulchschicht** hilft, Unkräuter zu unterdrücken. Dazu eignen sich unter anderem Grasschnitt, Stroh, Heu, Holzhäcksel. Bei hartnäckigen Wurzelunkräutern sind spezielle Mulchfolien sinnvoll.
- **Pheromonfallen** locken ebenfalls Schädlinge an, die dann entweder durch Klebetafeln oder Flüssigkeiten abgefangen werden. Andere Pheromone verwirren Schädlinge derart, dass sie ihren Geschlechtspartner nicht mehr finden und so die Fortpflanzung gestört wird.
- **Fraßlockstoffe wie Bierfallen** fangen Schnecken – locken sie aber auch an. Besser nutzen Sie **Schneckenzäune** als Barriere für die nimmersatten Gesellen.
- Mit strategisch günstig aufgestellter **Zuckerlösung** oder anderen Schmankerln kann man so manche Wespe davon ablenken, am Gartentisch mitzunaschen.
- Tomaten freuen sich über **Dächer**, die ihnen **Schutz vor Nässe** und somit vor Kraut- und Braunfäule bieten.
- Gegen Wühlmäuse schützen Sie junge Obstbäume am besten mit einer **Drahtauskleidung des Pflanzlochs**.

Foto: Dora Zett/Shutterstock.com

Gegen Schnecken helfen Schneckenzäune besser.

- Gegen **Frost im Winter** helfen Sie Ihren Obstbäumen mit einem hellen **Baumanstrich**. Dieser verhindert Risse in der Rinde durch zu starke Temperaturschwankungen. Rosen und andere frostempfindliche Pflanzen können z. B. mit **Reisig, Jutesäcken, Vlies, Folien** und allerlei anderem Material umwickelt oder abgedeckt werden.

Biologische Methoden

Biologische Schädlingsregulierung durch Nützlingseinsatz

Darunter versteht man das Einsetzen natürlicher Gegenspieler zu unserem Nutzen. Dazu werden Nützlinge gefördert oder gezielt ausgebracht. Nutzorganismen können bei speziellen Nützlingszuchtfirmen bestellt werden. Das gezielte Aussetzen von Nützlingen ist vor allem sehr erfolgreich. So können hier z. B. gekaufte Florfliegenlarven gegen Läuse eingesetzt werden. Lassen Sie sich im Fachhandel gut beraten. Nützlinge sind Lebewesen mit bestimmten Ansprüchen.

Oft sind nur die Larven nützlich

Oft sind nur die Larvenstadien die wirklichen Nützlinge – wie etwa bei der Florfliege und der Schwebfliege. Andererseits bringen manchmal Nützlinge nur gegen ein bestimmtes Entwicklungsstadium eines Schädlings Abhilfe. Nematoden wirken nur gegen die Larven des Gartenlaubkäfers, nicht aber gegen den Käfer selbst. Somit ist das Ausbringen zu einem späteren Entwicklungsstadium des Schädlings sinnlos. Auch Boden- und Außentemperatur spielen eine Rolle. Der Boden sollte z. B. eine Temperatur von mindestens 12 Grad Celsius haben.

Das Ausbringen der gekauften Nützlinge erfolgt unterschiedlich. Nematoden z. B. kommen in einem Pulver, das in Wasser aufgelöst wird; damit werden die betroffenen Pflanzen gegossen. Schlupfwespen gegen Apfelwickler oder Weiße Fliegen werden in kleinen Kärtchen geliefert; diese werden an die Bäume und Pflanzen gehängt. Florfliegenlarven, die unter anderem gegen Blattläuse eingesetzt werden, klopft man sanft aus einer kleinen Kartonverpackung auf die befallenen Pflanzenstellen.

Natürlich vorkommende Nützlinge werden durch den Anbau von Nektar- und Pollenpflanzen oder bestimmten Lockpflanzen gefördert. Diese bieten Nutzorganismen ausreichend Nahrung. Gezielt angebaut, erhöhen sie die Attraktivität Ihres Gartens für nützliche Bewohner enorm.

Foto: GartenAkademie.com

Leimringe auf Baumstämmen schützen vor Frostspannern.

Foto: GartenAkademie.com

In diesen Kartonwaben reisen Florfliegenlarven an.

Wichtig sind geeignete Versteck- und Überwinterungsmöglichkeiten, wie Totholzhaufen, Steinmauern, Laubhaufen oder Nützlingshotels. Nicht nur Igel, Eidechsen und Kröten werden es dankbar annehmen. Die Pflanzenschutzleistung von Vögeln und Fledermäusen ist nicht zu unterschätzen. Daher Nist- und Brutkästen aufhängen. Die Wilden Ecken im Garten sollten auch wirklich wilde Ecken sein, denn sonst werden sie nicht als Rückzugsbereiche angenommen.

Um die wertvollen Helfer im naturnahen Garten gesund zu erhalten und anzulocken, verzichten Naturgärtner gänzlich auf chemisch-synthetische Pflanzenschutzmittel.

Eine Bekämpfung von Schaderregern kann auch durch bestimmte Bakterien, Viren und Pilze erfolgen. So kann das Bakterium *Bacillus thuringiensis* gegen manche Raupen und Granuloseviren gegen Apfelwickler eingesetzt werden. Auch hier spielt der Zeitpunkt eine wichtige Rolle.

Der Einsatz von Nützlingen hat gegenüber chemisch-synthetischen Pflanzenschutzmitteln mehrere Vorteile:

- Keine Resistenzbildung
- Keine gefährlichen Rückstände an den Pflanzen
- Keine Gefahr von Verunreinigung der Gewässer

Foto: Africa Studio/Shutterstock.com

Laubhaufen bieten wertvolle Überwinterungsmöglichkeiten.

Pflanzenschutz-mittel

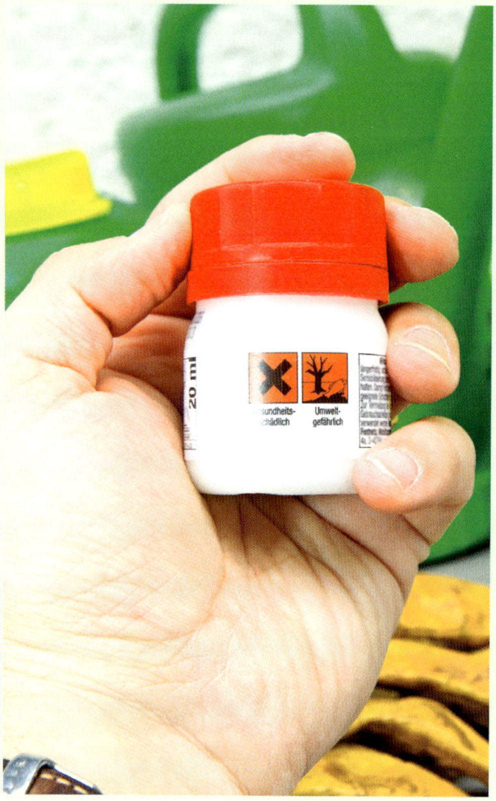

Foto: Jürnen Fälchle/Fotolia.de

Chemisch-synthetische Pflanzenschutzmittel können Umwelt und Menschen schädigen.

Pflanzen schützen

Die Unterscheidung zwischen chemisch-synthetischen und biokonformen Pflanzenschutzmitteln ist auf die Herkunft der eingesetzten Wirkstoffgruppen zurückzuführen. Diese sind bei Letzteren auf naturstofflicher Basis und nicht chemisch-synthetischen Ursprungs. Weitgehende Unterschiede zeigen sich vor allem in der Bedenklichkeit mancher chemisch-synthetischer Mittel. So werden im Naturgarten nur solche Pflanzenschutzmittel verwendet, die der EU Bioverordnung entsprechen.

Gesetze, Verkauf und Gütesiegel

Neues vom Pflanzenschutzmittelgesetz

Das Herstellen, Inverkehrbringen und die Verwendung von Pflanzenschutzmitteln werden im Pflanzenschutzmittelgesetz geregelt. Eine EU-Verordnung und EU-Richtlinie aus dem Jahr 2009 hat einige Veränderungen gebracht, die nun sukzessive in nationales Recht umgesetzt wurden. Durch das neue Pflanzenschutzmittelgesetz hat es einige Änderungen bei Pflanzenschutzmitteln und pflanzenstärkenden Mitteln gegeben – aber auch bei jenen, die traditionell als Gartenhausmittel eingesetzt werden.

Pflanzenschutzmittel hinter Verschluss

Was in Deutschland schon viele Jahre praktiziert wird, ist seit Anfang 2014 auch in Österreich Pflicht: Pflanzenschutzmittel dürfen im Handel nur noch hinter verschlossenen Vitrinentüren

Was wirkt gegen wen?

Insektizide – Insekten
Herbizide – Bei- oder Unkräuter
Fungizide – Pilze
Bakterizide – Bakterien
Molluskizide – Schnecken
Akarizide – Milben
Nematizide – Fadenwürmer (Älchen)
Rodentizide – Nagetiere

Foto: Wikimedia

Reizend, gesundheitsschädlich

Foto: Wikimedia

Giftig

Foto: Wikimedia

Umweltschädlich

oder hinter der Verkaufstheke angeboten werden. Durch dieses Selbstbedienungsverbot soll verhindert werden, dass Pflanzenschutzmittel ohne vorherige Beratung verkauft werden. Beratung ist Pflicht! Verkäuferinnen und Verkäufer müssen eine entsprechende Sachkunde im Pflanzenschutz haben. Dadurch soll die sachgemäße Verwendung der Pflanzenschutzmittel bezüglich korrekter Anwendung und Dosierung gewährleistet werden.

Verwirrend für den Hobbygärtner mag erscheinen, dass nun sowohl chemisch-synthetische Pflanzenschutzmittel als auch biokonforme nebeneinander unter Verschluss stehen. Relevant für das Selbstbedienungsverbot ist aber nur die Registrierung als Pflanzenschutzmittel und nicht die mögliche Gefährlichkeit des Mittels.

Mittel für den Hausgarten

Pflanzenschutzmittel dürfen im Garten von Hobbygärtnerinnen und -gärtnern (also ohne Sachkundeausweis) nur dann angewendet werden, wenn sie speziell für den Haus- und Kleingartenbereich zugelassen sind (ein entsprechender Vermerk steht jeweils auf der Verpackung). Diese Regelung für den Haus- und Kleingartenbereich hat den großen Vorteil, dass nun giftige und sehr giftige sowie ätzende Mittel aus den Hausgärten verbannt wurden, da sie nicht mehr für diesen Bereich zugelassen werden dürfen.

Für Haus- und Kleingärten dürfen ferner nur noch Kleinpackungen angeboten werden (ausreichend für maximal 500 Quadratmeter).

Aber Vorsicht, das soll kein Freibrief für alle im Hausgarten zugelassenen Mittel sein! Denn nach wie vor dürfen gesundheitsschädliche oder reizende Mittel verkauft werden, wenn sie spezielle Dosiereinrichtungen haben, die verhindern, dass man direkt mit dem Mittel in Berührung kommen kann. Dies schützt jedoch nur die Anwender und keinesfalls die Umwelt, die beim Ausbringen der Mittel gefährdet werden kann.

Eine weitere wichtige Vorschrift im Pflanzenschutzgesetz besagt, dass einige Pflanzenschutzmittel, die eine schädigende Wirkung auf Wasserorganismen haben, nicht auf versiegelten Flächen angewendet werden dürfen. Das heißt, dass auf Wegen, Wegrändern, Garagenzufahrten und Stellplätzen diese Pflanzenschutzmittel verboten sind. Das ist besonders bei Herbiziden relevant, da die Unkrautvernichtungsmittel aus Unwissenheit vor dem Gesetz häufig besonders in diesen Bereichen angewendet werden. Aber bekanntlich schützt Unwissenheit nicht vor Strafe. Die Bußgelder können beachtlich hoch ausfallen. Zu Recht, denn Unkrautvernichtungsmittel mit dem Wirkstoff Glyphosat können langfristig erheblichen Schaden

Foto: GARTENLeben

Manche Pflanzenstärkungsmittel sind auf spezielle Gartenpflanzen abgestimmt.

in Gewässern verursachen. Auf versiegelten Wegen gelangt das Mittel mit dem Regen in die Kanalisation und schlussendlich in den Vorfluter.

Pflanzenstärkende Mittel

Pflanzenstärkungs- und Pflanzenhilfsmittel, die die Widerstandsfähigkeit von Pflanzen unterstützen und stärken, dürfen nach wie vor frei verkäuflich in offenen Regalen stehen. Das sind die im Naturgarten so wichtigen vorbeugenden Mittel, wie z. B. Extrakte von Ackerschachtelhalm, Brennnessel oder Algen. Da nur auf registrierten Pflanzenschutzmitteln eine konkrete Wirkung gegen Schädlinge oder Krankheiten formuliert werden darf, kann auf den Verpackungen von Pflanzenstärkungs- und Pflanzenhilfsmitteln nicht die vorbeugende Wirkung gegen Krankheiten und Schädlinge angegeben werden.

Mittel aus Grundstoffen

Sobald ein Wirkstoff als Pflanzenschutzmittel zugelassen wird, dürfen daraus keine Mittel mehr selbst hergestellt werden. Das ist z. B. mit der Schmierseife geschehen. Schmierseife besteht aus Kaliseife und im Handel sind einige Pflanzenschutzmittel registriert, die diesen Wirkstoff enthalten. Ein seit Großmutters Zeiten bewährtes Hausmittel darf somit nicht mehr selbst hergestellt, sondern nur noch gekauft werden.

Um einige traditionelle selbst hergestellte Gartenhausmittel vor dem Aussterben zu retten, wurden diese gesetzlich in der EU-Grundstoffliste geregelt. Dabei handelt es sich um Wirkstoffe, die schon eine lange Tradition als Gartenhausmittel haben und eigentlich aus dem Lebensmittelbereich stammen. Sie haben eine gute Wirksamkeit gegen diverse Krankheiten

Das „Natur im Garten" Gütesiegel.
Copyright: „Natur im Garten"

und Schädlinge. Und, was für den Naturgärtner besonders wichtig ist: Aus allen Grundstoffen dürfen selbst Mittel zur Bekämpfung von Schädlingen oder Krankheiten hergestellt werden.

Manche von ihnen kommen entsprechend niedriger dosiert als Pflanzenstärkungs- oder als Pflanzenhilfsmittel auf den Markt und können so auch in einer fertigen Anwendung gekauft werden, wie z. B. der Ackerschachtelhalm. Weitere Grundstoffe sind z. B. Essig, Weidenrinde, Zucker, Backpulver und Löschkalk und Molke.

„Natur im Garten" Gütesiegel

Ein guter Anhaltspunkt für die Auswahl biologischer Pflanzenschutzmittel ist die EU-Bioverordnung. Alle hier gelisteten Mittel dürfen in der biologischen Landwirtschaft verwendet werden. Es ergab sich jedoch auch der Bedarf, für Garteninteressierte eine fundierte Entscheidungshilfe beim Kauf von Produkten für den Gartenbereich zu geben.

„Natur im Garten", eine vom Land Niederösterreich getragene Initiative, die die Ökologisierung von Gärten und Grünräumen in Niederösterreich und jetzt weit über die Landesgrenzen hinaus vorantreibt, hat hierfür ein spezielles Gütesiegel für den Gartenbereich geschaffen. Dieses war notwendig, da in der Biolandwirtschaft einige sinnvolle ökologische Mittel für den Garten und Grünraumbereich nicht zugelassen sind, da sie in der Landwirtschaft nicht relevant sind. Auch können mit dem „Natur im Garten" Gütesiegel auch Präparate ausgezeichnet werden, die zwar nicht für den biologischen Landbau zugelassen sind, die aber ausschließlich natürliche, naturidentische oder traditionell verwendete ungiftige Substanzen enthalten. So finden sich unter dem Gütesiegel von „Natur im Garten" auch alle für den Naturgarten wichtigen Grundstoffe. Darüber hinaus spricht sich „Natur im Garten" aus ökologischen Gründen klar gegen Torfverwendung aus (Torf ist im Bioanbau erlaubt) und auch gegen chemisch-synthetische Düngemittel.

Somit hält sich das „Natur im Garten" Gütesiegel zu 100 Prozent an die Kriterien von „Natur im Garten" und an die Richtlinien der EU-Bioverordnung 834/2007 beziehungsweise 889/2008.

Ziel des „Natur im Garten" Gütesiegels ist es, beim Einkauf die Entscheidung für Produkte zum naturnahen Gärtnern zu erleichtern.

Chemisch-synthetische Pflanzenschutzmittel

Das Ausbringen chemisch-synthetischer Mittel führt sowohl zu beabsichtigten wie auch nicht beabsichtigten Effekten, die erhebliche Schäden in der Umwelt, bei Tieren und uns Menschen verursachen können. Der Eintrag von Pflanzenschutzmitteln in die Natur und die natürlichen Kreisläufe erfolgt durch Versickerung, Einleiten in die Kanali-

Foto: igor_stevanovic/Shutterstock.com

Kartoffelkäferlarvenbekämpfung mit einem chemischen Pestizid.

sation, Abschwemmung vor allem in Hanglagen, Verdunstung und Abdrift auf benachbarte Flächen sowie durch Anreicherung in der Nahrungskette.

Die Anwendung chemisch-synthetischer Pflanzenschutzmittel ist schon so verbreitet, dass diese in der Umwelt nachzuweisen sind. Man findet Rückstände der toxischen Substanzen im Boden, in der Luft, in unseren Nahrungsmitteln, im Wasser der Ozeane, Flüsse und Seen und in unserem Trinkwasser. Sogar im Körperfett der Eisbären sind Rückstände nachgewiesen worden.

Pflanzenschutzmittel bestehen meist aus einem Hauptwirkstoff und weiteren Zusatzstoffen. Der Wirkstoff bekämpft den Schadorganismus, die Zusatzstoffe wirken unterstützend, indem sie die Löslichkeit, Verteilung und Haftfähigkeit verbessern. Die Zusatzstoffe sind oft ähnlich bedenklich wie der Hauptwirkstoff.

Ausbringungsarten

Pflanzenschutzmittel werden meistens gespritzt oder als Granulat ausgebracht. Man kann sie aber auch nebeln, stäuben, räuchern oder als Gas ausbringen; Saatgut kann damit gebeizt werden. Pflanzenschutzmittel können als Fraßgifte, Atmungsgifte, Kontaktgifte oder systemische Gifte wirken. Sogenannte systemische Pflanzenschutzmittel verteilen sich in der ganzen Pflanze. Dadurch werden zwar Fressfeinde getötet, aber auch nützliche Insekten wie Bienen.

Unspezifisch und langlebig

Pestizide schädigen unsere Umwelt am stärksten, wenn sie unspezifisch (nicht nur für die Zielart giftig, sondern auch für viele andere Arten) und persistent sind (Wirkung viel länger als die beabsichtigte Einwirkungsdauer) und sich auch in der Nahrungskette anreichern. Nur ein kleiner Teil landet an der Stelle, für die das Mittel bestimmt war. Eine große Menge trifft ungewollt auf Nutzpflanzen, Nützlinge und andere unbeteiligte Bewohner oder auf unbewachsenen Boden. Daher sollte aus Umweltschutzgründen auf die Verwendung von chemisch-synthetischen Pflanzenschutzmitteln komplett verzichtet werden.

Vorsicht und Sorgfalt sind geboten bei der Reinigung und Entsorgung von Restmengen. Der Rest in der Sprühflasche darf nicht über den Ausguss oder die Toilette entsorgt werden. Die Mittel dürfen nicht in den Wasserkreislauf gelangen. Reste müssen über die Problemstoffsammlung entsorgt werden!

Beispiele für Nebenwirkungen von Pflanzenschutzmitteln

Das Ausbringen von manchen Insektiziden fördert z. B. das Auftreten von Spinnmilben – denn Insektizide schalten auch deren Gegenspieler aus. **Fungizide** wirken z. B. nicht nur gegen die unerwünschten Mehltaupilze, sie wirken ebenso auf Pilze, die wichtige Bestandteile der Rhizosphäre (= unmittelbarer Bereich um die Wurzeln im Boden) und Blattoberflächen sind. Diese Pilze sind aber bedeutende Gegenspieler für etliche Schaderreger.

Der Rhizosphärenbereich ist Wohnstätte für eine Vielzahl von Pilzen (unter anderen Mykorrhiza) und anderen Mikroorganismen. Boden und Pflanze kommunizieren in diesem Bereich miteinander, sie tauschen Informationen und Nährstoffe aus. Auch die Blattoberfläche ist von zahlreichen Mikroorganismen und Pilzen besiedelt. Sie stellt die größte biologische Oberfläche der Erde dar. Die Blattoberfläche ist eine wichtige Quelle mikrobieller Biodiversität. Fungizide zerstören die Vielfalt und somit das Gleichgewicht dieser natürlichen Oberflächen.

Wirkstoffe und Wirkungsweise biokonformer Pflanzenschutzmittel

Sind NaturgärtnerInnen bei ihrem Bemühen gegen ungebetene Gäste oder ungewöhnliche Erscheinungen an geliebten Pflanzen am Ende der Pflanzenschutzpyramide angelangt, bleibt noch als letzte Möglichkeit die Anwendung eines der im ökologischen Landbau zugelassenen Pflanzenschutzmittel.

Kaliseife (Schmierseife)

Kaliseife wird gegen Blattläuse, Weiße Fliegen und Spinnmilben eingesetzt. Da er die Zellmembran der Außenhaut zerstört, zeichnet sich dieser Wirkstoff ausschließlich durch Kontaktwirkung aus. Nützlinge wie Raubmilben, Florfliegen und Marienkäfer werden geschont. Es muss keine Wartezeit eingehalten werden.

Raps- und Paraffinöl

Ein nachwachsender Rohstoff ist Rapsöl, das gut abbaubar ist. Neben der Anwendung gegen Spinnmilben, Schild-, Schmier- und Wollläusen wird der Wirkstoff auch zur Bekämpfung der Weißen Fliege eingesetzt. Allerdings verharzt Rapsöl relativ schnell und verliert dadurch schneller an Wirkung. Es sind nach der Anwendung im Nutzgartenbereich keine Wartezeiten einzuhalten und der Wirkstoff kann als nützlingsschonend eingestuft werden. Er ist durch seine Eigenschaften ideal für den Einsatz im Freiland.

Paraffinöl wird aus Erdöl gewonnen, baut sich schlechter ab, hält dadurch aber länger an der Pflanze. Bei der Anwendung kann es zur Schädigung von Florfliegen, einer Erzwespen- sowie einer Raubmilbenart kommen. Ansonsten ist es als nützlingsschonend einzustufen. Durch seine Eigenschaftskombination empfiehlt sich der Einsatz im Innenbereich. Wie auch der Wirkstoff Rapsöl wird Paraffinöl vorwiegend gegen Spinnmilben, Schild-, Schmier- und Wollläuse eingesetzt.

Azadirachtin (Neem)

Der Wirkstoff wird hauptsächlich aus den Samen des Neembaums gewonnen, der in Indien, Pakistan und Burma beheimatet ist. Er hemmt die Larvenentwicklung zahlreicher Schadinsekten und wird gegen beißende und saugende Schädlinge eingesetzt. Aufgrund seiner lokalsystemischen Wirkung kann Azadirachtin (Neem) auch gegen minierende Schadinsekten gespritzt werden. Beachtet werden sollte die Pflanzenverträglichkeit, da Schäden bei der Anwendung an Birnen und Weihnachtssternen auftreten können.

Eisen-III-Phosphat

Eisen-III-Phosphat kommt in der Natur vor und wird in Schneckenkornpräparaten eingesetzt. Nach der Aufnahme des Wirkstoffs verlieren die Schnecken ihren Appetit, verkriechen sich und sterben ab. Der Abbau des Eisensalzes erfolgt in die ungefährlichen Pflanzennährstoffe Eisen und Phosphat.

Die Präparate sind regenfest und nützlingsschonend, es besteht keine Wartezeit. Allerdings fressen auch harmlose und nützliche Schneckenarten dieses Präparat.

Bakterien

Verschiedene Unterarten des Bakteriums Bacillus thuringiensis sind für ihre Wirkung im Einsatz gegen Mückenlarven, Blattkäferlarven und Schmetterlingsraupen bekannt. Präparate, die den Bacillus enthalten, sind ebenfalls im ökologischen Landbau zugelassen und werden aufgrund ihrer selektiven Wirkung als nützlingsschonende Pflanzenschutzmittel im Naturgarten eingesetzt. Die Bakterien und somit das enthaltene darmzersetzende Toxin werden mit der Fraßtätigkeit der Schadinsekten (Schadraupen im Zier- und Nutzgartenbereich, wie etwa der Buchsbaumzünsler) aufgenommen. Die Wirkung setzt bei einer Anwendung ab einer Temperatur von 12 Grad ein.

Schwefel

Schwefel wird in Form von Netzschwefel gegen Pilzerkrankungen eingesetzt. Er zeigt auch Wirkung gegenüber Spinn-, Gall- und Pockenmilben. Durch die Einwirkung von Feuchtigkeit, Licht und Sauerstoff bilden sich aus ausgebrachten Schwefelpartikeln Schwefeldioxid, das als Zellgift für Pilzzellen und toxisch auf Milben wirkt. Bei der Anwendung im Nutzgarten müssen Wartezeiten eingehalten werden. Die Präparate bauen sich mäßig gut ab und sind als nicht ganz nützlingsschonend einzustufen.

Kupfer

Kupfer wird in Form von Kupferhydroxid, Kupferoxichlorid, (3-basischem) Kupfersulfat, Kupferoxid und Kupferoktanoat angewendet. Kupfer selbst wirkt antibakteriell und fungizid, es wird jedoch hauptsächlich als Fungizid gegen pilzliche Erreger der Gattung Phytophtora oder Peronospora (Erreger des Falschen Mehltaus) eingesetzt.

Foto: Floki/Shutterstock.com

Spinnmilben, mancherorts auch „Rote Spinne" genannt.

Bereits in sehr geringen Mengen, die für Wirbeltiere noch unbedenklich sind, ist Kupfer für viele Mikroorganismen und Regenwürmer toxisch. Außerdem reichert sich Kupfer in Böden an. Gemeinsam mit Pyrethrum und Spinosad ist Kupfer ein Wirkstoff, der nur als Mittel der allerletzten Wahl Einsatz im Naturgarten finden sollte.

Pyrethrine

Pyrethrine sind Wirkstoffe in Pyrethrum, das als Extrakt aus den Blüten einer Chrysanthemenart, der Dalmatinischen Insektenblume (*Tanacetum cinerariaefolium*), gewonnen wird. Pyrethrum ist wirksam gegen alle kaltblütigen Tiere wie Insekten, Spinnen, Krebstiere, Amphibien und Fische. Eingesetzt wird es hauptsächlich als Insektizid und Akarizid (also gegen Insekten und Milben). Es verliert ab einer Temperatur von 25 Grad an Wirksamkeit und zersetzt sich unter Lichteinwirkung rasch. Um den Effekt an größeren Insekten zu erhöhen, werden den Präparaten oft Wirkverstärker beigesetzt. Gemeinsam mit speziellen Ölen kann Pyrethrum auch gegen Ei-Gelege von Schadinsekten eingesetzt werden. Leider gibt es keine gezielte Wirkung, weshalb durch den Einsatz solcher Präparate auch Nichtzielorganismen und Nützlinge stark geschädigt werden können. Umso wichtiger ist der sachgemäße Umgang mit jenen Präparaten, die auf Basis von Pyrethrum hergestellt werden! Diese Mittel werden im Naturgarten nur als Mittel der letzten Wahl angewendet.

Pyrethrine dürfen nicht mit den künstlich hergestellten Pyrethroiden verwechselt werden. Die synthetischen Pyrethroide sind zwar dem Naturpyrethrum nachempfunden, die tödliche Wirkung auf Kaltblüter ist jedoch meist noch stärker und es ist vor allem langlebiger und kann nicht schnell abgebaut werden. Daher sind Pyrethroide in der Biolandwirtschaft nicht erlaubt (einzige Ausnahme ist die Verwendung in speziellen Fällen gegen 2 Schädlinge, die Oliven- und die Mittelmeerfruchtfliege)!

Spinosad

Spinosad enthält 2 Wirkstoffe, Spinosyn A und Spinosyn D, und wird durch das Bakterium Saccaropolyspora spinosa produziert. Es wirkt durch die Störung der Weiterleitung der Reize in Nervenkanälen als Fraßgift gegen beißende Insekten und Thripse.

Spinosad kann aufgrund seiner lokalsystemischen Wirkung gegen minierende Schädlinge eingesetzt werden. Gegenüber Warmblütern besteht geringe Toxizität, jedoch eine Schlupfwespenart wird ebenfalls abgetötet. Es erfolgt ein schneller mikrobiologischer Abbau. Allerdings: Spinosad ist stark bienengefährlich! Daher darf es nicht über blühende Pflanzen gesprüht werden. Auch Spinosad sollte nur als Mittel der letztes Wahl im Naturgarten angesehen werden.

Diese biokonformen Pflanzenschutzmittel sind gute und vor allem auch wirkungsvolle Alternativen zu chemisch-synthetischen Pflanzenschutzmitteln.

Aber die Anwendung von biologischen Präparaten oder natürlichen, aus Pflanzen gewonnenen Stoffen wie z. B. Pyrethrum oder Neem heißt nicht im Umkehrschluss, dass diese nicht auch Schaden anrichten und auch nützliche Tiere absterben können. Oft sind Mittel nur für Warmblüter ungiftig – jedoch giftig und tödlich für Insekten. Auch pflanzliche Stoffe können schädlich für Nützlinge sein. Seien Sie achtsam bei der Anwendung.

Pflanzenschutz konkret

Foto: Claude Calcagno/Fotolia.com

Gegen viele Pflanzenprobleme ist ein Kraut gewachsen: Hier entsteht ein Brennnesselauszug.

Krankheiten und Schädlinge von A bis Z

Im folgenden Kapitel werden 80 Krankheiten und Schädlinge, die in einem Hausgarten auftreten können, in alphabetischer Reihenfolge beschrieben.

Es werden zum einen Schädlinge beschrieben, die praktisch in jedem Garten vorkommen, wie z. B. Blattläuse oder Schnecken. Aufgrund der Häufigkeit des Auftretens ist es besonders bei ihnen wichtig, die richtigen und vor allem ökologisch vertretbaren Maßnahmen zu treffen.

Aber auch bei „modernen" Schädlingen, die im Gefolge der Kulturpflanzen eingewandert sind, wie Buchsbaumzünsler, Kastanienminiermotte und Kirschessigfliege, gilt es, umweltfreundliche Bekämpfungsmethoden aufzuzeigen.

Bei Pflanzenkrankheiten, wie Echtem Mehltau oder Sternrußtau, spielen beim naturgemäßen Gärtnern die vorbeugenden und pflanzenstärkenden Maßnahmen eine besonders wichtige Rolle. Neben den hier empfohlenen konkreten Maßnahmen sollte also immer schon im Vorfeld, wie bei der Pflanzenschutzpyramide beschrieben, an der Basis (Vorbeugung, gesunder Boden, Pflanzenstärkung, Kreislaufwirtschaft, Vielfalt) gearbeitet werden, um die besten Voraussetzungen für gesundes Pflanzenwachstum zu schaffen (siehe auch Seite 15).

Für den Fall, dass dennoch Schädlinge und Krankheiten so stark auftreten, dass die Spitze der Pflanzenschutzpyramide erreicht wird, werden Wirkstoffe von biokonformen Pflanzenschutzmitteln beschrieben, die eingesetzt werden können.

Bitte beachten Sie: Auch biokonforme Pflanzenschutzmittel vorsichtig verwenden! Vor Verwendung stets Etikett und Produktinformation lesen. Warnhinweise und -symbole in der Gebrauchsanleitung beachten!

Laut aktuellem Pflanzenschutzmittelgesetz dürfen ausschließlich registrierte und zugelassene Pflanzenschutzmittel gegen Pflanzenkrankheiten und Pflanzenschädlinge empfohlen werden – und für den Hobbygärtner und die Hobbygärtnerin nur solche, die auch eine Haus- und Kleingartenzulassung (HuK) haben. Daher richten sich die hier empfohlenen Wirkstoffe ausschließlich auf die tatsächliche Wirksamkeit gegen die speziellen Krankheiten oder Schädlinge (Zulassungen können sich nämlich – oft aus rein wirtschaftlichen Gründen – innerhalb eines Jahres ändern).

Bitte beachten Sie vor jedem stärkeren Eingriff: Um einen Naturgarten zu schaffen und um dieses natürliche Umfeld auch zu erhalten, muss mit der Natur gearbeitet werden. Besonders beim Pflanzenschutz ist es wichtig, sanfte Methoden anzuwenden, die die natürlichen Kreisläufe nicht beeinträchtigen.

Foto: Floki/Shutterstock.com

Ameisen pflegen ihre Blattlauskolonie.

Ameisen (*Formicidae*)

Schadbild

Ameisen machen sich meist nur als „Lästlinge" im Garten bemerkbar, denn Schäden fallen nur gering aus. Pflanzen können am Wurzelhals benagt oder bereits verletzte Früchte angefressen werden. Durch den Nestbau unter Pflanzen kann das Wurzelsystem unterminiert werden. Die Wurzeln hängen in der „Luft" und können die Pflanze nicht mehr versorgen. Ameisenhügel, die vor allem nach stärkerem Regen aus der Erde ragen, stören meist nur optisch.

Problematisch ist ihre „Freundschaft" zu Blattläusen. Ameisen hegen und pflegen Blattläuse, um immer für Nachschub an Honigtau zu sorgen, den die Blattläuse absondern. Sie übersiedeln einzelne Blattläuse an neue Standorte, um dort weitere Kolonien aufbauen zu können.

Gesundheitspolizei und Gärtner

Für die Ernährung der Larven erbeuten Ameisen Insekten (vor allem auch kranke Tiere) und Aas – und „reinigen" so den Garten. Sie sind auch wichtige Samenverbreiter, da sie die Samen wegen ihrer nährstoffhaltigen Anhänge sammeln.

Gegenmaßnahmen

- Regelmäßige Bodenlockerung und -bearbeitung – vor allem bei Ameisenhaufen
- Leimringe an Baumstämmen anbringen
- Einen mit Holzwolle oder Stroh gefüllten Blumentopf über Nestausgänge stülpen. Nach ein paar Tagen kann der Topf mitsamt dem Ameisenvolk (inklusive der Königin!) umgesiedelt werden.
- Nester tief ausgraben und umsiedeln
- Gesteinsmehl oder Algenkalk stäuben
- Bei Wegen oder Terrassen heißes Wasser über die Ameisenbauten gießen (Nicht auf freiem Erdboden anwenden, da dabei auch jegliches Bodenleben geschädigt wird!)

Traditionelle Hausmittel

- Stark riechende, verdünnte Kräuterjauchen, z. B. aus Holunderblättern, Rainfarn oder Wermut
- Ätherische Öle auf zerbrochene Tonscherben geträufelt ausbringen
- Gesteinsmehl oder Algenkalk stäuben

Gut zu wissen

Immer wieder kann das Ausschwärmen vieler geflügelter Ameisen beobachtet werden. Hierbei treffen sich junge Königinnen und Männchen aus verschiedenen Kolonien zu einem synchronisierten Zeitpunkt und paaren sich. Die Weibchen streifen dann ihre Flügel ab und suchen nach einem kurzen Hochzeitsflug einen neuen Neststandort.

Foto: Sanja565658, Wikimedia Commons

Der erwachsene Apfelblütenstecher.

Apfelblütenstecher (*Anthonomus pomorum*)

Schadbild

Die äußeren Blütenblätter der noch geschlossenen Apfelblütenknospen werden braun und vertrocknen, das Innere der Knospe wird ausgefressen. Im Blüteninneren werden Eier abgelegt, aus denen sich gelbweiße beinlose Larven entwickeln.

Schwarzbraune Rüsselkäfer

Apfelblütenstecher gehören zu der Familie der Rüsselkäfer. Ab dem Knospenschwellen, von Februar bis März, bohrt das Weibchen mit seinem langen, gebogenen Rüssel die noch geschlossenen Blütenknospen an. Die Knospe wird angefressen und Eier werden abgelegt. Die Larven verpuppen sich nach ihrer 2- bis 4-wöchigen Fraßtätigkeit in den Knospen. Ab August begeben sich die jungen Käfer auf die Suche nach einem geeigneten Winterversteck.

Vorbeugung

- Nützlinge fördern: Schlupfwespen, Erzwespen, Laufkäfer, Raubkäfer, Singvögel
- Abbürsten der Rinde
- Baumanstrich ab Herbst
- Wellkartonringe am Baumstamm anbringen: ab Austrieb in circa 1 Meter Höhe um den Stamm wickeln. Morgens können die Käfer darin abgesammelt werden, da sie diese Versteckmöglichkeit gern nachts aufsuchen.

Gegenmaßnahmen

- Entfernen der braunen, vertrockneten Blütenknospen

Mittel letzter Wahl

- Rapsöl-Phyretrin-Präparate spritzen. (Achtung: Es werden ebenfalls Nicht-Schadorganismen und auch Nützlinge abgetötet – daher nur im äußersten Notfall und dann gezielt anwenden!)

Gut zu wissen

Pro Jahr entwickelt sich eine Generation, die in Baumrinden, oft in Wäldern, überwintert. Aus diesem Grund sind die Käfer häufig an Apfelbäumen in Waldnähe zu finden, seltener auch an Birnen.

Apfelwickler (*Cydia pomonella*)

Foto: Olaf Leillinger/Wikimedia Commons

Apfelwickler.

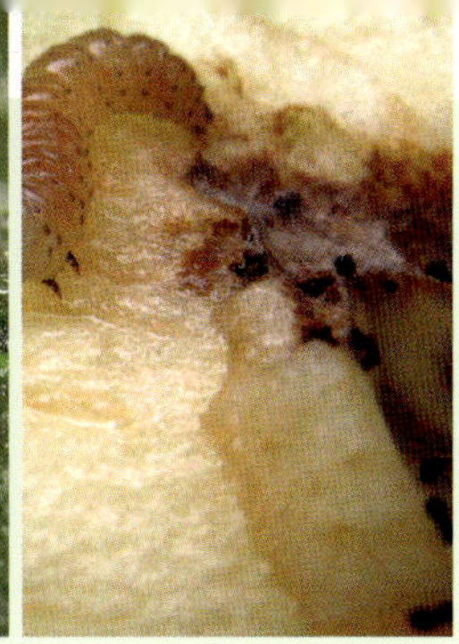

Foto: J. K. Löckener/Wikimedia Commons

Apfelwicklerlarve am Gehäuse.

Schadbild

Die Obstmaden bohren sich bis ins Kerngehäuse der Frucht. Die ausgewachsenen weißen, rotbraun-köpfigen Raupen sitzen im zerfressenen Kerngehäuse. In den Gängen und Bohrlöchern sind Kotkrümel. Befallene Früchte fallen im Sommer frühzeitig vom Baum („Notreife").

Lieblingsspeise

Wickler befallen neben Apfel auch Birne, Walnuss, Marille, Maroni, Zwetschke und seltener Quitte. Sie werden nach ihrer Hauptnahrungspflanze benannt (z. B. Apfel-, Birnenwickler).

Die „Verwandlung"

Der Kleinschmetterling (circa 20 Millimeter) mit blaugrauen Vorderflügeln und dunklen Bändern besitzt einen „Augenfleck", einen dunklen, goldig glänzenden Fleck nahe der Flügelspitze. Die Hauptflugzeit ist im Juni. Die Weibchen legen ihre Eier an Früchten und Blättern ab. Die Raupen bohren sich in die Frucht. Nach 3 bis 4 Wochen verlassen sie die Frucht wieder und spinnen sich in Rindenritzen zur Überwinterung ein.Ein Teil jedoch verpuppt sich gleich und schlüpft Ende Juli als zweite Generation.

Vorbeugung

- Nützlinge fördern: Florfliegen, Schlupfwespen, Spinnen, Fledermäuse, Vögel und Ohrwürmer
- Befallskontrolle der noch kleinen Früchte und Entfernen jener mit Einbohrstellen
- Im Herbst: Abbürsten der Larven vom Stamm

Gegenmaßnahmen

- Fanggürtel aus Wellkarton ab Ende Juni 30 bis 50 Zentimeter über dem Boden fest um den Stamm binden. Die Raupen verspinnen sich im Karton. Volle Fanggürtel entsorgen. Kontrolle 1-mal pro Woche.
- Sofortiges Auflesen des befallenen Fallobstes
- Pheromonfallen: Klebefallen mit Sexualduftstoffen locken Männchen an. Dienen meist der Befallserkennung – Befallsminderung nur, wenn wenige Apfelbäume in der Nähe sind.

Biokonforme Mittel (Wirkstoffe)/ Nützlinge im Handel

- Granuloseviren: Einsatz ab Ende Mai bis August (beginnende Eiablage), 2 bis 3 Behandlungen
- Einsatz von Nematoden (*Steinernema feltiae*) ab Ende September gegen überwinternde Larven am Stamm/an den Ästen. Dadurch Reduktion des Schädlingsbefalls im Frühjahr.

Gut zu wissen

Der Apfelwickler ist der am häufigsten auftretende Kernobstschädling. Ein Befall lässt sich an den Einbohrstellen der Larven an den Früchten erkennen. Der Schaden durch Apfelsägewespen sieht ähnlich aus. Der Bohrgang des Apfelwicklers ist aber mit Kot beschmutzt.

Foto: 1973kla/Shutterstock.com

Schadbilder an den Blättern lassen sich oft nur im Labor eindeutig bestimmen.

Bakterienbrand an der Walnuss (*Xanthomonas campestris* pv. *juglandis*)

Schadbild

An Blättern, jungen Trieben oder jungen Früchten treten schwarze, punktförmige Stellen bis hin zu größeren schwarzen Flecken auf. Es folgen vorzeitiger Blattfall und das Absterben befallener junger Triebe. Tritt der Befall spät auf, ist oft nur die äußere Schale der Nüsse betroffen. Bei frühzeitigem Befall schrumpft der Kern, die Früchte sind dann nicht mehr genießbar.

Schwarze Flecken durch ein Bakterium

Das Bakterium überwintert an Knospen und Befallsstellen des Vorjahrs. Im Frühjahr vermehrt und breitet es sich bei ausreichender Feuchtigkeit vor allem in jungen Trieben aus. Das Bakterium tritt über Spaltöffnungen oder Wunden in die Pflanzen ein. Über gummiartige Schleimtröpfchen kommt es wieder aus der Pflanze heraus und kann über Spritz- und Regenwasser, Insekten und auch über Pollen weiterverbreitet werden.

Vorbeugung

- Walnussbäume während der Vegetationsperiode laufend auf Befall kontrollieren
- Nach dem Kontakt mit infizierten Bäumen muss das verwendetes Werkzeug desinfiziert werden
- Bei Neupflanzungen weniger anfällige Sorten auswählen, wie etwa „Geisenheimer" oder „Weinheimer"

Gegenmaßnahmen

- Befallene Pflanzenteile zurückschneiden und entfernen
- Befallene Laubblätter, Früchte und Falllaub entfernen

Biokonforme Mittel

Es sind keine Mittel zugelassen.

Gut zu wissen

Das Erscheinungsbild der Bakteriose an der Walnuss ähnelt sehr dem der Marssonia-Blattfleckenkrankheit, einer Pilzerkrankung. Eine sichere Abgrenzung zwischen beiden Erkrankungen ist vor allem im Anfangsstadium sehr schwierig. Bei Unklarheit sollte eine Laboruntersuchung Auskunft geben.

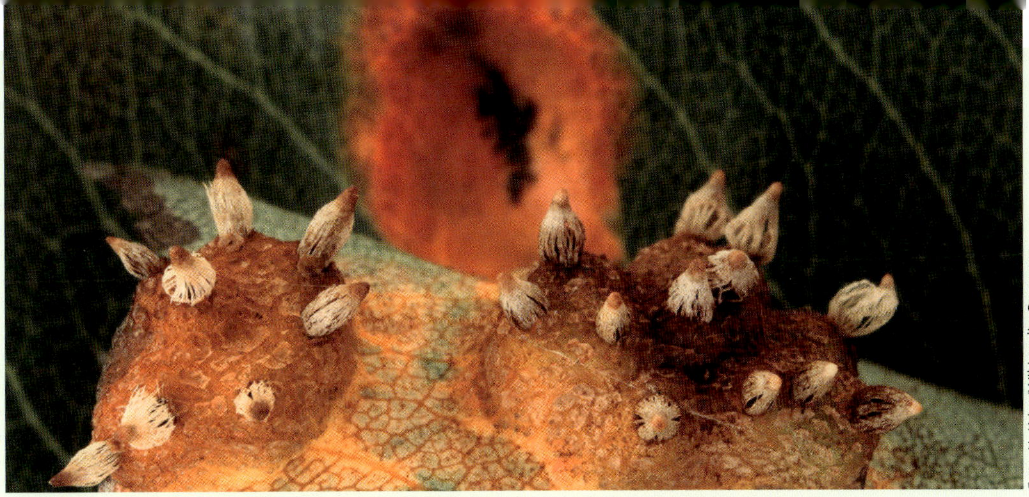

Birnengitterrost – Schadbild an Blattunter- und Blattoberseite (im Hintergrund).

Birnengitterrost (*Gymnosporangium sabinae*)

Schadbild

Birnenblätter bekommen im Frühsommer auffallende gelb-orange Flecken auf der Blattoberseite, die mit der Zeit immer größer werden. Auf der Blattunterseite bilden sich im Juli/August bizarre Pusteln, sogenannte Fruchtkörper, die die Pilzsporen enthalten.

Nur zu zweit geht's richtig rund

Der wirtswechselnde Rostpilz benötigt Wacholder- und Birnbäume, um sich vollständig entwickeln zu können. Er hat dabei eine Sommer- und eine Winterresidenz: Der Pilz überwintert an Wacholderzweigen.

Anfang Juni verbreitet der Wind (beziehungsweise Insekten) die Sporen von der Wacholderpflanze auf die Blätter des Birnbaums. Im Frühjahr bilden sich am Wacholder Verdickungen an den Trieben. Unter feuchten Bedingungen werden diese gelb-orange und quellen gallertartig auf.

Vorbeugung

- Verdickte Stellen des Wacholders bis ins gesunde Holz herausschneiden
- Oft nicht durchführbar, aber dennoch am wirksamsten, ist die Entfernung aller anfälligen Wacholderarten in einem Umkreis von circa 200 Metern.
- Befallenes Laub entfernen

Traditionelle Hausmittel

- Ab Mitte April regelmäßig vorbeugend pflanzenstärkende Ackerschachtelhalmpräparate verwenden.

Der besondere Tipp!

Birnengitterrost überwintert nicht an allen Wacholderarten. Der Gemeine Wacholder (*Juniperus communis*) wird nicht befallen und stellt somit auch kein Problem dar. Zierwacholderarten wie *Juniperus sabina*, *J. chinensis*, *J. virginiana* dienen sehr wohl als Zwischenwirt und sollten (wenn möglich) entfernt werden.

Birnengitterrost vermindert nur die Fotosyntheseleistung der Blätter im Bereich der Flecken. Bis zu 5 Flecken pro Blatt stellen für einen Birnbaum aber noch kein Problem dar. Auch die Früchte können ohne Bedenken gegessen werden.

Birnenverfall (*Candidatus phytoplasma pyri* – Pear decline)

Schadbild

Es gibt 2 Arten des Birnenverfalls. Beim langsamen Birnenverfall kommt es zu einer Schwächung des Baums über mehrere Jahre. Er äußert sich in einem verringerten Triebwachstum; die Blätter treiben spät aus und bleiben kleiner und hell. Der Baum blüht zwar reich, bildet jedoch nur wenige Früchte, die meist klein bleiben. Im Bereich der Veredelungsstelle zeigen sich abgestorbene Stellen. Unterirdisch kommt es zu einer Schädigung der Feinwurzeln. Im Spätsommer verfärben sich einzelne Blätter oder ganze Kronenpartien rot. Die Blätter fallen vorzeitig ab. Beim raschen Birnenverfall vergilben und welken die Blätter sehr schnell und der Baum stirbt innerhalb weniger Tage oder Wochen ab.

Die „Wanderung" mit dem Saftstrom

Ursache für dieses Phänomen sind zellwandlose Bakterien, sogenannte Phytoplasmen. Befallen werden Birnen und Quitten. Die Phytoplasmen halten sich während des Winters hauptsächlich in den Wurzeln auf. Im Frühjahr „wandern" sie mit dem Saftstrom in die oberen Baumbereiche. Im Spätsommer bis Frühherbst zeigt sich der Befall am auffälligsten.

Vorbeugung

- Sortenwahl: auf weniger anfällige Sorten zurückgreifen
- Regelmäßige Kontrolle der Bäume

Gegenmaßnahmen

Nach amtlicher Bestätigung (durch eine Laboruntersuchung) werden die befallenen Bäume gerodet.

Foto: Joris Egger/Wikimedia Commons

Stark befallener Birnbaum.

Biokonforme Mittel (Wirkstoffe)

Es sind keine Mittel zugelassen.

Gut zu wissen

Es handelt sich um eine meldepflichtige Krankheit, die beim amtlichen Pflanzenschutzdienst bekannt gemacht werden muss. Die Übertragung erfolgt durch saugende Insekten (Birnenblattsauger) oder durch vegetative Vermehrung nach Veredelung.
Anfällige Birnensorten sind: 'Conference', 'Williams', 'Gellerts Butterbirne', 'Vereinsdechantsbirne', 'Gräfin von Paris'.
Weniger anfällige Birnensorten: 'Bosc's Flaschenbirne' und 'Packhams Triumph'.

Blattläuse (*Aphidina*)

Schadbild

Vor allem saftige junge Blätter und Triebe sowie überdüngte Pflanzen werden gern befallen. Durch die rasche Vermehrung bilden sich bald ganze Kolonien. Blätter kräuseln und rollen sich ein.

Ihre Freundschaft mit Ameisen

Blattläuse scheiden einen süßen Honigtau aus, der sich als klebriger Belag auf den Pflanzen bemerkbar macht. Das ist der ideale Nährboden für schwarze Rußtaupilze. Die süße Lösung schmeckt auch Ameisen gut. Sie „betrillern" die Blattläuse und beschützen sie gegen Feinde, um an den begehrten Honigtau zu gelangen. Wenn Ameisen an Pflanzen sind, dann sind Blattläuse meistens nicht weit.

Von Gelb bis Schwarz

Die Namen der Läuse verraten die Hauptwirtspflanze, die vorrangig befallen wird, und meistens auch die Farbe: Schwarze Bohnenlaus, Grüne Pfirsichblattlaus, Grüne Apfelblattlaus, Mehlige Apfelblattlaus, Rosenblattlaus und viele mehr. Die Vorliebe für einen Hauptwirt hat den Vorteil, dass z. B. die Rosenblattlaus nicht den benachbarten Flieder befallen wird.

Vorbeugung

- Gesunde Pflanzen sind weniger anfällig
- Nützlinge fördern: Marienkäfer, Florfliegen, Schwebfliegen, Schlupfwespen, Raubwanzen, Ohrwürmer, Vögel, Hornissen, Wespen

Gegenmaßnahmen

- Entfernen und Abstreifen der Läuse – vor allem im zeitigen Frühjahr Zerdrücken der Blattlausstammmütter (die ersten Blattläuse)
- Pflanzen mit starkem Wasserstrahl mehrmals gründlich abspritzen
- Befallene, taunasse Triebe mit Gesteinsmehl oder Algenkalk bestäuben

Foto: mattckaiser/Shutterstock.com

Grüne Blattläuse.

Biokonforme Mittel (Wirkstoffe)/ Nützlinge im Handel

- Neem-(Azadirachtin-)Präparate spritzen
- Kaliseifenpräparate spritzen
- Rapsölpräparate spritzen
- Gallmücken, Schlupfwespen, Florfliegenlarven

Gut zu wissen

Wichtig ist, vor allem im Frühjahr die ersten Blattläuse zu bekämpfen!
Durch Jungfernzeugung (das heißt ohne das Zutun von Männchen) bringt eine Laus 6 lebende Blattläuse pro Tag zur Welt. In einer Saison entstammen so aus einer Frühjahrsstammmutter 15 Quadrilliarden Läuse. Erst am Ende der Vegetationsperiode entstehen Geschlechtstiere, die sich vermehren. Die abgelegten Eier überwintern.

Foto: Hedwig Storch/Wikimedia Commons

Ligusterblattwespe.

Blattwespen (*Tenthredinidae*)

Schadbild

Meistens fallen die Larven der verschiedenen Blattwespenarten durch ihre Fraßtätigkeit an den Laubblättern verschiedener Gartenpflanzen auf. Zu den bekanntesten Vertretern dieser Familie in unseren Gärten zählen die Rosenblattrollwespe, Rosenblattwespe, Ligusterblattwespe, Stachelbeerblattwespe.

Sie fressen oft frei an der Futterpflanze. Bei manchen Arten sitzen die Larven in einer Reihe hintereinander am Blattrand. Unter den Echten Blattwespen gibt es auch minierende Formen und Larven, die in Gallen oder in Stängeln, Knospen und Früchten leben.

Afterraupe versus Schmetterlingsraupe

Die Larven der Echten Blattwespen sind raupenähnlich und werden Afterraupen genannt. Das wichtigste Unterscheidungsmerkmal ist die Anzahl der Beinpaare: Schmetterlingsraupen besitzen niemals mehr als 8 Beinpaare, Afterraupen oft bis zu 11. Der Kopf der Afterraupen ist meist deutlich abgesetzt und rundlich; sie besitzen nur ein Punktauge (im Gegensatz zu Schmetterlingsraupen, deren Augen aus mehreren Einzelaugen bestehen).

Vorbeugung

Nützlinge fördern: Laufkäfer, Schlupfwespen, Vögel.

Gegenmaßnahmen

- Absammeln einzelner Blattwespenlarven oder Entfernen ganzer befallener Blätter
- Pflanzen mit starkem Wasserstrahl mehrmals gründlich abspritzen (möglichst morgens)
- Befallene, taunasse Triebe mit Gesteinsmehl oder Algenkalkstaub bestäuben

Biokonforme Mittel (Wirkstoffe)

Neem-(Azadirachtin-)Präparate spritzen.

Foto: GreenPunkrocker/Wikimedia Commons

Beginnende Blütenendfäule an Tomaten.

Blütenendfäule

Schadbild

Von den Blütenansatzstellen, dem späteren äußeren Ende der Frucht, breitet sich eine dunkle und eingesunkene Stelle aus. Dieses Phänomen ist vor allem an Früchten von Paradeiser/Tomate, Gurke, Zucchini, Kürbis und Paprika vertreten.

Schwankende Wasserversorgung

Durch eine schwankende Wasserversorgung wird die Aufnahme beziehungsweise der Transport von Kalzium in der Pflanze blockiert. Die Zellwände der am weitesten entfernten Pflanzenteile, also der Enden der jeweiligen Früchte, brechen zusammen. Meist sind die nachfolgenden Früchte aufgrund veränderter Wasserversorgungsverhältnisse wieder normal ausgebildet.

Weitere Ursachen

Ein erhöhter Salzgehalt kann ebenso wie Überdüngung mit Stickstoff Ursache für Blütenendfäule sein. Außerdem können auch die ersten Früchte von Pflanzen, die als Jungpflanzen in zu kalte Erde gesetzt wurden, von dieser Erscheinung betroffen sein.

Vorbeugung

- Auf eine gleichmäßige Wasserversorgung achten
- Mulchen der Erdoberfläche, z. B. mit Rasenschnitt, um die Verdunstung an der Erdoberfläche herabzusetzen und Schwankungen in der Wasserversorgung zu harmonisieren
- In Gegenden mit sehr geringem Kalkgehalt in den Böden bereits im Herbst Kalk aufbringen

Gegenmaßnahmen

- Betroffene Früchte entfernen
- Algenkalk beziehungsweise kalkhaltiges Gesteinsmehl streuen

Gut zu wissen

Blütenendfäule ist keine Krankheit, sondern eine physiologische Störung, die durch einen Kalziummangel in den Früchten verursacht wird.

Eine Marienkäferlarve frisst Blutläuse.

Blutlaus (*Eriosoma lanigerum*)

Schadbild

Durch die Saugtätigkeit der wattebauschähnlichen Läuse entstehen Wucherungen an Zweigen von Apfelbäumen, Zierquitten, Weißdorn, Feuerdorn und einigen *Cotoneaster*-Arten. Diese Wucherungen werden auch als sogenannter Blutlauskrebs beschrieben.

Da das Ausreifen des Holzes gestört wird, kommt es häufig zum Erfrieren von zuvor befallenen Trieben.

Läuse, in Watte gepackt

Die Läuse erreichen etwa eine Länge von 2 Millimetern und sind braunrot bis dunkelviolett gefärbt. Sie sind umgeben von weißen, watteähnlichen Wachsausscheidungen. Diese schützen sie vor Angriffen von Fressfeinden. Blutläuse sitzen in Kolonien in den Blattachseln von Zweigen und am Stamm.

Lebenszyklus

Die lebend gebärenden weiblichen Blutläuse bringen pro Vegetationsperiode bis zu 12 Generationen hervor. Neue Kolonien entwickeln sich durch geflügelte Formen der Blutläuse, die im Herbst auftreten. Die Larven suchen zu Winterbeginn Rindenritzen oder den oberen Wurzelbereich als Winterquartier auf. Ab März/April verlassen die Larven ihre Verstecke und entwickeln sich weiter. Ab Mai sind Blutläuse wieder in großer Zahl an Schnitt- und Wundstellen an altem Holz oder in Blattachseln junger Triebe zu finden.

Vorbeugung

- Übermäßige Stickstoffdüngung meiden
- Nützlinge fördern: Marienkäfer, Raubwanze, Ohrwurm, Zehrwespe
- Im Zuge des Obstbaumschnitts kranke und verletzte Triebe entfernen
- Oktober: Abbürsten des Stamms und anschließender Stammanstrich mit Tonmineral-Kalk-Mischungen oder fertigen Präparaten

Gegenmaßnahmen

- Vor allem im zeitigen Frühjahr Zerdrücken der ersten Blutläuse
- Gründliches Abbürsten und Abstreifen befallener Triebe

Traditionelle Hausmittel

Blutlauskolonien gleich beim ersten Auftreten mit einem Extrakt aus Farnkraut (oberirdische Teile des Wurm- oder Adlerfarns) bepinseln.

Biokonforme Mittel (Wirkstoffe)

Rapsöl- oder Paraffinölpräparate spritzen.

Gut zu wissen

Die Blutlauszehrwespe und Ohrwürmer begrenzen den Blutlausbefall schon in der ersten Junihälfte. Die Nützlingsschonung hat daher oberste Priorität.

Foto: GARTENLeben

Schadbild der Brombeergallmilbe.

Foto: PolSB_Johnny/Wikimedia Commons

Abgestorbener Zweig in einer Buchspflanze.

Brombeergallmilbe (*Eriophyes essigi*, Syn. *Acalitus essigi*)

Schadbild

Durch die Saugtätigkeit der winzigen Milben können die Beeren nicht ganz ausreifen. Sie bleiben zum Teil hellrot, hart und schmecken sauer. Stark befallene Brombeeren sind somit ungenießbar. Im Herbst stirbt ein Großteil der Population ab. Die wenigen überlebenden Tiere überwintern in Rindenritzen, in Knospen, unter Knospenschuppen oder in vertrockneten Fruchtmumien.

Vorbeugung

- Nützlinge fördern: Raubmilben und Raubwanzen
- Mulchen: am besten ganzjährig, da Trockenheit die Milben fördert
- Frühreife Sorten verwenden, denn sie werden weniger befallen als späte Sorten.

Gegenmaßnahmen

- Befallene Beeren und Triebe sofort entfernen
- Nach der Ernte Triebe stark zurückschneiden und entfernen – keine vertrockneten Beeren an der Pflanze belassen

Biokonforme Mittel (Wirkstoffe)

Austriebspritzung mit Rapsöl- oder Paraffinölpräparaten

Buchsbaumkrebs (*Volutella buxi*)

Schadbild

Es zeigen sich Blattverfärbungen, die später vertrocknen. Triebe und Äste sterben mit der Zeit ab. Auf der Blattunterseite findet man bei feuchten Bedingungen hellrosa gefärbte (Sporen). Die Rinde reißt auf, löst sich und blättert ab, es entstehen krebsartige Stellen. Der Pilz überwintert im Falllaub. Die Sporen werden im Frühling durch Wind und Wasser verbreitet. Feuchtigkeit, Stress und dichte Pflanzungen begünstigen das Auftreten des Pilzes. Kann mit dem Buchsbaumtriebsterben verwechselt werden. Zur Unterscheidung Triebe abschneiden, mit Wasser besprühen und in einen Plastiksack geben. Bildet sich innerhalb von ein paar Tagen ein weißer Pilzrasen, handelt es sich um das Buchsbaumtriebsterben und nicht um den Buchsbaumkrebs.

Vorbeugung

- Sortenwahl: Pflanzen Sie weniger dicht wachsende Sorten, diese trocknen schneller ab
- Buchsersatzpflanzungen, s. Tipp S. 62

Gegenmaßnahmen

Kranke und abgestorbene Pflanzenteile entfernen, Rückschnitt immer bis ins gesunde Holz

Biokonforme Mittel (Wirkstoffe)

Es sind keine Mittel zugelassen.

Foto: Nigel Cattlin/Holt Studios/OKAPIA

Buchsbaumtriebsterben.

Buchsbaumtriebsterben (*Cylindrocladium buxicola*)

Schadbild

Bei dieser Pilzerkrankung bilden sich bräunliche beziehungsweise orangebraune Flecken an den Blatträndern. Bei fortschreitendem Befall werden ganze Blätter braun, vertrocknen und fallen ab. Ganze Triebe können innerhalb weniger Tage absterben.

Bei hoher Luftfeuchtigkeit bildet sich ein weißer Sporenbelag an der Blattunterseite. An den Trieben sind charakteristische schwarze Striche zu erkennen. Die Dauersporen des Pilzes können mehrere Jahre im Boden überdauern.

Prinzipiell können alle Arten und Sorten der Gattung *Buxus* befallen werden. Die Anfälligkeit ist jedoch unterschiedlich.

Hochanfällig	Deutlich anfällig	Wenig anfällig
Buxus sempervirens 'Suffruticosa'	*Buxus microphylla* 'Herrenhausen'	*Buxus sempervirens* 'Arborescens'
Buxus microphylla 'Morris Midget'		*Buxus microphylla* 'Faulkner'

Vorbeugung

- Vermeiden von hoher Feuchtigkeit im Bestand
- Von unten gießen; vor allem bei warmer Witterung keine Beregnung von oben
- Gesunde Pflanzen wenig schneiden
- Schnittgut entfernen, Schnittwerkzeug reinigen und desinfizieren
- Wegen erneuter Infektionsgefahr besser Alternativen pflanzen

Gegenmaßnahmen

- Infizierte Triebe frühzeitig zurückschneiden
- Erkrankte Pflanzenteile, abgefallene Blätter und, falls notwendig auch die ganze Pflanze entfernen

Biokonforme Mittel (Wirkstoffe)

Keine Mittel zugelassen!

Der besondere Tipp!

Probieren Sie es doch mit alternativen Pflanzen:

1. Stechpalme – *Ilex crenata* 'Convexa' oder 'Stokes'
2. Buchsbaumblättrige Berberitze – *Berberis buxifolia* 'Nana'
3. Eibe – *Taxus cuspidata* 'Nana'

Raupe des Buchsbaumzünslers.

Buchsbaumzünsler (*Cydalima perspectalis*)

Schadbild

Die Raupen fressen nur an Buchsbäumen, und zwar nicht nur Blätter, sondern auch Rinde und Zweige. Sie bilden Gespinste im Inneren des Buchsbaums. Stark befallene Pflanzen können absterben. Die etwa 5 Zentimeter langen Raupen haben einen schwarzen Kopf, ihr Körper ist gelblich bis dunkelgrün. Seitlich sind sie schwarz und weiß gestreift mit schwarzen Punkten. Der Schmetterling hat beige-weiße Flügel mit breitem braunem bis schwarzem Flügelrand.

Weit gereist

Der Buchsbaumzünsler kommt aus dem ostasiatischen Raum. Seit dem Jahr 2000 ist er auch in Mitteleuropa zu finden. Der Kleinschmetterling lebt etwa eine Woche. Pro Jahr ist eine Ausbreitung von etwa 5 Kilometern möglich.

Vorbeugung

- Pflanzen beim Kauf gründlich kontrollieren
- Regelmäßige Kontrolle, besonders im Inneren der Pflanze

Gegenmaßnahmen

- Raupen absammeln
- Mit Eiern belegte Triebe und Blätter wegschneiden
- Gespinste im Inneren des Buchsbaumes herausschneiden und entfernen

Biokonforme Mittel (Wirkstoffe)/Nützlinge im Handel

- *Bacillus thuringiensis*-Präparate spritzen
- Neem-(Azadirachtin-)Präparate spritzen

Gut zu wissen

Die gefräßige Raupe frisst zuerst im Inneren der Pflanze, dadurch sind die Schäden nicht immer gleich erkennbar. Daher ist eine Kontrolle auf Raupenbefall des inneren Buchsbaumbereichs schon ab Mitte März empfehlenswert.

Dickmaulrüssler (*Otiorhynchus sulcatus*)

Schadbild

Die Käfer fressen an den Blättern. Am Blattrand entstehen typische eingebuchtete Fraßstellen. Die Larven fressen an den Wurzeln.

Foto: Denny Bruck/Wikimedia Commons

Erwachsener Dickmaulrüssler.

Foto: SB_Johnny/Wikimedia Commons

Fraßstellen des Dickmaulrüsslers an Rhododendron.

Gefräßiger Käfer

Der 1 Zentimeter große Käfer ist schwarz. Die typisch rüsselförmig verlängerte Kopfform hat ihm zu seinem Namen verholfen. Die meisten Fraßschäden sind an hartlaubigen Ziergehölzen wie Rhododendron, Efeu und Kirschlorbeer, aber auch an Rosen, Ribisel (Johannisbeere), Eibe, Erdbeeren, Begonien und Astilben zu finden. Die Käfer fressen nur nachts, sie können nicht fliegen und verstecken sich tagsüber.

Der Käfer ist nicht das große Problem

Die Larven des Käfers sind hell und beinlos, haben eine leicht gekrümmte Form und eine hellbraune Kopfkapsel. Sie leben im Boden und fressen an den jungen Wurzeln der Pflanzen. Vor allem der Wurzelfraß durch die Larven kann Schäden verursachen; die Pflanzen werden geschwächt und können welken.

Vorbeugung

- Nützlinge fördern: Igel, Maulwurf, Spitzmäuse, Vögel
- Häufige Bodenbearbeitung und -lockerung

Gegenmaßnahmen

- Von Mai bis Juni die Käfer abends/nachts absammeln. Wird eine Folie unter die Pflanzen gelegt, können die Käfer durch Schütteln der Zweige aufgefangen werden.
- Erdbereich rund um welke Pflanzen nach Larven absuchen
- Befallene Kübelpflanzen umtopfen, gegebenenfalls die Erde komplett austauschen

Traditionelle Hausmittel

Abwehrende Mittel spritzen und gießen: Rainfarn-, Knoblauch- oder Wermuttee.

Biokonforme Mittel (Wirkstoffe)/Nützlinge im Handel

- Parasitische Nematoden (*Heterorhabditis* spp.) gegen Dickmaulrüsslerlarven (im Frühjahr und Frühherbst)
- Nematodenfallen (*Steinernema carpocapsae*) für die erwachsenen Käfer (im Sommer).
- Pilzmycel (*Metarhizium anisopliae* var. *anisopliae*).

Der besondere Tipp!

Die Larven leben gern in torfreichen, sauren Böden. Es sollte also kein Rindenmulch oder Torf verwendet werden, da sie den Boden versauern. Künstliche Moorbeete sollten auch aus Umweltschutzgründen nicht angelegt werden, da durch den Torfabbau die letzten Moore zerstört werden.

Drahtwurm – Larven des Schnellkäfers (*Elateridae*)

Foto: D. Steaven/Wkimedia Commons

Drahtwurm.

Schadbild

Durch den Fraß an Wurzeln werden Jungpflanzen plötzlich welk. Knapp unter der Erdoberfläche und im Wurzelbereich finden sich leuchtend gelb bis orangerot gefärbte Drahtwürmer. Im Frühjahr bohren sich die Tiere in die Triebbasis von Erdäpfel-/Kartoffelpflanzen ein. Die Erdäpfel/Kartoffeln selbst können wie durchsiebt erscheinen, denn Drahtwürmer fressen kreuz und quer durch die Knolle.

Zu den gefährdeten Pflanzen zählen neben Erdäpfeln/Kartoffeln, Mais, Karotten, Sellerie, Rüben, Salat, Erdbeeren, Zwiebeln, auch diverse Zierpflanzen.

Der „Wurm" ist eine Käferlarve

Die schlanken, 2 bis 3 Zentimeter langen Drahtwürmer sind Larvenstadien der Schnellkäfer. Nicht alle Schnellkäferarten sind Schädlinge; andere Arten ernähren sich räuberisch oder von Mischkost.

Käfer mit Sprungvermögen

Die Schnellkäfer sind keine Schädlinge. Bei Gefahr können sie sich durch einen speziellen Mechanismus aus der Rückenlage in die Luft katapultieren.

Zur Eiablage werden niedrig bewachsene, feuchte Stellen bevorzugt. Drahtwürmer treten deshalb verstärkt nach einem Wiesen- oder Grünlandumbruch auf.

Die Entwicklungsdauer der Larven kann 3 bis 5 Jahre betragen. Speziell im Frühjahr und Herbst sind sie in den obersten Bodenschichten zu finden.

Vorbeugung

- Maulwürfe, Spitzmäuse, Laufkäfer fördern
- Nach einem Wiesenumbruch Hühner eintreiben
- Gezielte (und nicht flächendeckende) Bewässerung
- Steinmehl in die Saatrillen stäuben und die Wurzeln von Setzlingen in Steinmehl tauchen
- Keinen frischen Mist verwenden
- Bei saurem Boden etwas Kalk zugeben
- Salat als Köder zwischen die Gemüsereihen setzen
- Erdäpfel/Kartoffeln frühestmöglich ernten

Gegenmaßnahmen

- Betroffene Bodenbereiche wiederholt oberflächlich bearbeiten und gut lockern; dabei Drahtwürmer einsammeln.
- Mehrere halbierte Erdäpfel/Kartoffeln als Köder 5 bis 10 Zentimeter tief im Gemüsebeet eingraben. Diese markieren und regelmäßig nach 2 bis 3 Tagen mitsamt der Drahtwürmer absammeln.

Gut zu wissen

Drahtwürmer benötigen humusreiche und leicht feuchte Böden. Bei längerer Trockenheit ist mit einem größeren Schaden zu rechnen, da die Tiere, um ihren Feuchtigkeitsbedarf zu decken, Pflanzen befallen.

Eichenprozessionsspinner (*Thaumetopoea processinea*)

Foto: FWHS/Wikimedia Commons

Raupen auf einem Stamm.

Foto: Orchi/Wikimedia Commons

Eichenprozessionsspinnerfalter.

Schadbild

Die Raupen fressen an den Knospen und Blättern der Bäume. In der Baumkrone finden sich Gespinstnester. Ein Befall kann bis zu Kahlfraß führen. Nur bei wiederholtem, starkem Fraß werden die Bäume jedoch nachhaltig geschädigt.

Eine Eiche muss es sein …

Befallen werden ausschließlich Eichenarten. Die Raupen schlüpfen im April/Mai und wandern „prozessionsartig" im Gänsemarsch im Baum, wo sie nachts fressen. Sonst verstecken sie sich in Gespinsten. Die schwarzgrauen, bis zu 4 Zentimeter langen Raupen haben einen dunklen Kopf. Am Rücken sitzen die bis zu 1 Zentimeter langen Gifthaare auf rotbraunen „Warzen".

Auswirkung und Gefahr für den Menschen

Das Problem sind die Haare der Raupen. Erst ab dem dritten Larvenstadium besitzen die Raupen mehrere Tausend „brennende", mit Widerhaken ausgestattete Härchen. Bei Berührung brechen sie ab und können auch über die Luft in die Lunge gelangen. Das enthaltene Nesselgift führt nach einigen Stunden zu „brennnesselartigem" Ausschlag mit Juckreiz und Rötungen. Es bilden sich kleine Knötchen und Entzündungen von Bindehaut, Rachenraum und Nasenschleimhaut. Gefahr besteht vor allem für empfindliche Personen.

Vorbeugung

Nützlinge fördern: Fledermäuse, Vögel (vor allem Kuckuck), Laufkäfer, Wanzen.

Gegenmaßnahmen

Absperren betroffener Areale und Aufstellen von Warntafeln (durch Gemeindeverantwortliche).

Biokonforme Mittel (Wirkstoffe)/Nützlinge im Handel

- *Bacillus thuringiensis* var. *aizawai*-Präparate (bei erstem bis viertem Larvenstadium)
- Neem-(Azardirachtin-)Präparate spritzen (bei erstem bis viertem Larvenstadium)

Maßnahmen letzter Wahl

Pyrethrinpräparate spritzen (ab dem vierten Larvenstadium – da die Tiere kaum noch fressen!) (Aufgrund der nützlingsschädigenden Wirkung sollte das Mittel nur in Ausnahmefällen eingesetzt werden.)

Gut zu wissen

Die Raupen sollten niemals berührt werden; auch nicht deren Häutungsreste, da diese noch Jahre später reizen können. Befallene Areale sollten gemieden werden. Die Entfernung sollte Fachleuten mit Schutzausrüstung überlassen werden.

Foto: Joachim Brocks

Rosenkäfer.

Engerlinge (Larven der Blatthornkäfer – *Scarabaeidae*)

Schadbild

Die Wurzeln betroffener Pflanzen werden an- oder abgefressen. Gemüse, Stauden, Sträucher oder junge Obstbäume werden geschwächt und können Welkeerscheinungen zeigen. Rasenbereiche vergilben und sinken beim Betreten leicht ein. Beim Freilegen des Wurzelbereichs und unterhalb des Rasens fallen fleischige, hell gefärbte Larven mit dunkler Kopfkapsel ins Auge.

Große Käferfamilie mit wenigen Verdächtigen

Als Engerlinge werden die Käferlarven aus der Familie der Blatthornkäfer bezeichnet. Ihre Larven leben und entwickeln sich in der Erde und ernähren sich dort von Wurzeln, pflanzlichen Abfallprodukten oder auch von Dung. Im Jahresverlauf suchen die Tiere zur Nahrungsaufnahme oder als Schutz vor Winterkälte unterschiedliche Tiefenbereiche des Bodens auf. Engerlinge sind speziell im Sommer in den obersten Bodenschichten aktiv und fressen sich dort an den Wurzeln satt. drei schädliche Blatthornkäferarten sind häufig im Gartenbereich anzutreffen. Eine vierte Art, die des Rosenkäfers, ist ebenfalls häufig, wird jedoch viel zu oft als Schädling beurteilt, obwohl sie vor allem im Komposthaufen nützlich ist.

Die 4 Engerlinge im Porträt

Gartenlaubkäferengerling: Der kleinste unter den 4 „Gartenengerlingen" – bis 15 Millimeter Länge mit gut ausgebildeten Mundwerkzeugen und langen, kräftigen Beinen. Der Entwicklungszyklus im Boden dauert nur 1 Jahr. Der Engerling überwintert und verpuppt sich im Frühjahr.

Lebensraum: in Gras- und Wiesenflächen mit lockerer Erde

Maikäferengerling: 30 bis 35 Millimeter Länge, gut ausgebildete Mundwerkzeuge und lange, kräftige Beine. Nach 3- bis 4-jähriger Entwicklungszeit (hängt von der Region und Temperatur ab) verlassen die Käfer im Frühjahr die Erde (periodischer, massenhafter Käferflug im Mai).

Lebensraum: in lockeren, durchlässigen Böden in der Nähe von Waldgebieten.

Junikäferengerling: Bis 30 Millimeter Länge, eher schlank, Hinterleib nur leicht verdickt. Gut ausgebildete Mundwerkzeuge und lange, kräftige Beine. Die Entwicklungszeit beträgt, abhängig von Temperatur und Region, 2 bis 3 Jahre.

Gut zu wissen

Die Unterscheidung der einzelnen Käferarten anhand der Engerlinge ist schwierig. Der Grundbauplan ist immer ähnlich – die Unterschiede sind für den Laien oft nicht eindeutig erkennbar (wenn möglich, einen Spezialisten hinzuziehen). Leichter ist die Bestimmung bei den ausgewachsenen Käfern (siehe „Gartenlaubkäfer, Maikäfer und Junikäfer").

Lebensraum: in lockeren, sandigen, trockenen Böden, vor allem in Rasenbereichen. Meiden feuchte Standorte.

Rosenkäferengerling: Bis 35 Millimeter Länge, eher gedrungene Körperform mit verdicktem Hinterleib. Die Kopfkapsel ist unscheinbarer als die der anderen Arten und besitzt kleinere Mundwerkzeuge. Ebenso sind die Beinchen im Vergleich eher kürzer ausgebildet. Die Entwicklungszeit beträgt 2 bis 3 Jahre. Als einfache Unterscheidungsmöglichkeit zu den anderen Engerlingen können die Larven auf eine ebene, raue Unterlage gelegt werden: Flüchten sie in Rückenlage mit den Beinchen nach oben gestreckt, handelt es sich um den Rosenkäferengerling.

Lebensraum: Mulm verrottender Bäume, humusreiche Böden und oft in Komposthaufen. Rosenkäferengerlinge sind Nützlinge, sie zersetzen verrottendes Material. An Pflanzen ist kein Schaden zu befürchten (außer in geschlossenen Behältern, Töpfen oder Hochbeeten, wo die Rosenkäferengerlinge sich nach einiger Zeit aus Nahrungsmangel an verrottendem Material an den Wurzeln vergreifen).

Vorbeugung

- Nützlinge fördern: Spitzmäuse, Maulwürfe, Igel, Laufkäfer, Grünspechte
- Mit hohem Gras dicht bewachsene und völlig vegetationslose Stellen werden bei der Eiablage gemieden

Gegenmaßnahmen

- Gemüsebeete vor den Flugzeiten der Käfer mit Kulturschutznetzen bedecken, um die Eiablage zu verhindern
- Kleine Bäume abdecken oder die Käfer am Morgen abschütteln (vorher ein Tuch auf dem Boden ausbreiten, um die Käfer auflesen zu können)
- Nicht flächig wässern – Kulturpflanzen gezielt gießen, denn die Eier sterben bei Trockenheit ab
- Den Boden nach dem Käferflug regelmäßig lockern, um die Engerlinge im Zuge dessen zu verletzen oder auch abzusammeln
- Engerlinge ausgraben (wo es möglich ist, etwa in umgrenzten Beeten oder Töpfen)
- Hühner picken auf freien Flächen Engerlinge aus dem Boden
- Fallensystem mit Lockstoffen zur Befallskontrolle von ausgewachsenen Gartenlaubkäfern

Foto: StromBer/Wikimedia Commons

234 Engerlinge.

Biokonforme Mittel (Wirkstoffe)/Nützlinge im Handel

- Nematoden der Art *Heterorhabditis bacteriophora* gegen Gartenlaubkäferengerlinge ausbringen
- Präparate mit dem Pilz *Beauveria brongniartii* in den Boden einarbeiten. Wirksamkeit gegen die Engerlinge des Wald- und Wiesenmaikäfers

Foto: Nigel Cattlin/Holt Studios/OKAPIA

Larve des Erbsenwicklers.

Erbsenwickler (*Cydia nigricana*)

Schadbild

Raupen zerfressen die heranreifenden Erbsen innerhalb der Hüllen und hinterlassen Gespinste mit Kot. Bei nassem Wetter können sich durch die Bohrlöcher Schimmelpilze leichter ausbreiten.

Von Erbsengrün zu Olivbraun

Der olivbraune, etwa 15 Zentimeter große Schmetterling legt von Mai bis Juni in der Dämmerung und nachts seine Eier auf der Blattunterseite, den Kelchblättern und Erbsenhülsen ab. Nach einigen Tagen schlüpfen die Raupen, die den Schaden an den Erbsen verursachen. Etwa 3 Wochen lang fressen die Raupen an der Pflanze, danach verlassen sie sie, um im Boden in Kokons zu überwintern.

Vorbeugung

- Nützlinge fördern: Fledermäuse, Laufkäfer, Schlupfwespen, Igel
- Fruchtfolge beachten
- Mischkultur mit Paradeisern/Tomaten
- Offene, windige Lagen sind weniger anfällig
- Bei sehr früher oder später Aussaat fällt die Blütezeit nicht mit der Flugzeit der Falter zusammen
- Frühe Ernte unterbricht den Vermehrungszyklus

Gegenmaßnahmen

Mit Kulturschutznetzen während der Flugzeit (Mai bis Juni) die Erbsen schützen und somit die Eiablage verhindern (Netze können tagsüber entfernt werden, da der Falter nachtaktiv ist).

Maßnahmen letzter Wahl

- Bei der Verwendung von Kulturschutznetzen nicht notwendig
- Pyrethrinpräparate gegen die nachtaktiven Falter spritzen. Aufgrund der nützlingsschädigenden Wirkung sollte das Mittel nur in Ausnahmefällen eingesetzt werden.

Gut zu wissen

Die Falter schlüpfen zur Zeit der Erbsenblüte im Mai und Juni. Bei langer Blütezeit und warmer, trockener Witterung tritt der Erbsenwickler besonders häufig auf.

Foto: Tim Faasen/KINA/OKAPIAOKAPIA

Erdbeerblütenstecher.

Erdbeerblütenstecher (*Anthonomus rubi*)

Schadbild

Blütenknospen von Erdbeeren, Himbeeren, Brombeeren und Rosen knicken unterhalb des Blütenansatzes ab und vertrocknen. Dementsprechend bleibt die Fruchtentwicklung bei betroffenen Pflanzen aus.

Angestochene Blütenstiele

Der 3 bis 4 Millimeter große Rüsselkäfer sticht im Mai Blütenstiele der oben angeführten Rosengewächsarten unterhalb der Blütenknospe an und legt je ein Ei in eine Knospe ab.
Circa 3 Tage nach der Eiablage vertrocknen die angestochenen Knospen, knicken ab und fallen später ab.

Der „Wurm" in der Knospe

Die Larve des Erdbeerblütenstechers schlüpft nach 8 Tagen. Sie ernährt und verpuppt sich in der abgefallenen Blütenknospe, bis der fertig entwickelte Käfer im Juni/Juli seine Kinderstube verlässt. Die jungen Käfer fressen an Laubblättern der Wirtspflanzen und suchen bereits ab dem Frühsommer Quartiere für die Überwinterung im Boden oder in darüberliegenden Mulchschichten auf. Ab Ende April bis Anfang Mai werden die Käfer wieder bei Temperaturen von über 15 Grad aktiv und fressen an den Blättern der Pflanzen.

Vorbeugung

- Nützlinge fördern: Schlupfwespen, Laufkäfer und andere räuberische Käferarten
- Bodenbedeckung mit stark riechenden zerkleinerten Kräutern wie Tagetes oder Lavendel

Gegenmaßnahmen

Laufendes Absammeln geknickter und Entfernen abgefallener Blütenknospen.

Traditionelle Hausmittel

Nach der Ernte können die betroffenen Pflanzen und der darunterliegende Boden mit Rainfarntee gespritzt werden. Er hilft Pflanzen, die gegen diese Schädlinge empfindlich sind.

Erdflöhe (*Psylliodes*)

Schadbild

Erdflöhe treten an Kreuzblütlern wie Radieschen, Rettich, Rüben, Rucola, Raps und Kapuzinerkresse auf, im Frühling auch an wild wachsenden Arten. Die Blätter sind mit 1 bis 2 Millimeter großen Löchern übersät, bei starkem Befall siebartig durchlöchert. Bei Berührung springen die Tiere hoch oder fliegen auf.

Auch Flohkäfer genannt

Erdflöhe sind 2 bis 3 Millimeter große, schwarz glänzende und zum Teil gelb gestreifte Käfer. Namensgebend sind die verdickten Hinterschenkel, die es ihnen ermöglichen, weite Sprünge auszuführen.

Ein Erdflohjahr

Erdflöhe produzieren nur eine Generation pro Jahr. Die Eiablage erfolgt ab Mai im Boden direkt unter geeigneten Pflanzen. Nach der Verpuppung der Larven in bis zu 20 Zentimetern Bodentiefe erscheint die neue Käfergeneration im Juli oder August. Die Käfer überwintern geschützt in Mulchschichten, Holzhaufen, unter Laub oder im Boden. Im Frühling verlassen sie ihre Winterquartiere und beginnen, an den zarten Blättern der Setzlinge zu nagen.

Vorbeugung

- Natürliche Feinde wie z. B. Lauf- und Raubkäfer, Schlupfwespen, Spitzmäuse fördern
- Ständiges Feuchthalten des Bodens durch regel-mäßiges Gießen und Mulchen
- Kulturen rechtzeitig durch feinmaschige Gemüsenetze oder Vliese schützen
- Mischkultur mit Salat und Spinat

Foto: Piotr Niecieckі/Shutterstock.com

Erdfloh auf einer Blüte.

Gegenmaßnahmen

- Regelmäßiges „Durchschütteln" der Pflanzen, um die Erdflöhe zu vertreiben
- Pflanzen und Boden mit Gesteinsmehl bestäuben

Traditionelle Hausmittel

- Regelmäßig Wermut- oder Rainfarnbrühe über die Pflanzen spritzen
- Fangen mit Klebefallen: Brettchen oder Karton mit Insektenleim bestreichen, die Erdflöhe damit aufschrecken

Mittel letzter Wahl

Einsatz pyrethrinhaltiger Pflanzenschutzmittel. (Nicht-Schadorganismen und Nützlinge werden auch abgetötet! Aufgrund der nützlingsschädigenden Wirkung sollte das Mittel nur in Ausnahmefällen eingesetzt werden!)

Gut zu wissen

Erdflöhe treten verstärkt bei anhaltender Trockenheit auf. Werden Kulturschutznetze rechtzeitig und lückenlos über die Pflanzen gespannt, ist das meist die effektivste Art der Vorbeugung.

Feuerbrand (*Erwinia amylovora*)

Schadbild

Blätter und Blüten an den Triebspitzen werden braunschwarz und verwelken rasch. Triebspitzen biegen sich hakenförmig nach unten und sehen wie verbrannt aus. Es treten Schleimtröpfchen und eingesunkene Stellen an der Rinde und rotbraune Verfärbungen des Holzes auf.

Nur Rosengewächse werden befallen

Nur Apfel, Birne, Feuerdorn, Weiß- und Rotdorn, Quitte, Felsenbirne, Vogel- und Mehlbeere sind betroffen. Feuerbrand breitet sich schnell aus. Junge Pflanzen können innerhalb weniger Wochen absterben, ältere Pflanzen jedoch einige Jahre überleben.

Verwechslungsgefahr

Feuerbrand kann anfangs mit der Triebspitzendürre (*Monilia*) verwechselt werden. Auch Birnenverfall, Blutläuse oder starker Frost rufen ähnliche Symptome hervor. Eindeutiges Erkennungsmerkmal sind die Bakterienschleimtröpfchen an den Trieben.

Lebenszyklus

Die Infektion erfolgt meistens über die Blüte durch Insekten bei feuchtwarmem Wetter. Zur Ansteckung kann es auch durch Vögel und Kleinsäuger sowie über Wunden (z. B. bei Schnittmaßnahmen!) kommen.

Das Bakterium überwintert im Holz befallener Gehölze und tritt im Folgejahr bei einer Temperatur von über 19 Grad und hoher Luftfeuchtigkeit durch Schleimtröpfchen aus den Ästen heraus.

Foto: Ninjatacoshell/Wikimedia Commons

Von Feuerbrand befallener Birnbaum.

Vorbeugung

- Pflanzen nur im Fachhandel kaufen
- Schnittwerkzeuge immer desinfizieren

Gegenmaßnahmen

- Es gibt keine Bekämpfungsmaßnahmen
- Stark befallene Bäume werden nach eindeutigem Nachweis auf Feuerbrand gerodet
- Bei Auftreten der ersten Krankheitssymptome und schwachem Befall sind befallene Pflanzenteile sofort konsequent zu entfernen
- Abgeschnittene Zweige nicht häckseln oder kompostieren, sondern entsorgen (das Verbrennen von feuerbrandbefallenem Holz ist in manchen Bundesländern erlaubt)
- Diese Arbeiten werden üblicherweise von dafür ausgebildeten Fachkräften durchgeführt

Gut zu wissen

Feuerbrand ist meldepflichtig! Bei Verdacht nicht mit betroffenen Pflanzenteilen zur Gemeinde fahren, da so die Gefahr der weiteren Verbreitung besteht! Eine eindeutige Diagnose kann nur durch eine Laboruntersuchung erfolgen.

Foto: Beentree/Wikimedia Commons

Ananasgallen der Kleinen Fichtengallenlaus.

Fichtengallenäuse (*Adelgidae*)

Schadbild

An den einjährigen Trieben von Fichten bilden sich grünlich braune, zapfen-/ananasförmige Gallen. Diese vertrocknen im Herbst. Die kranken Triebe krümmen sich und knicken leicht. Verursacht werden die Schäden durch die saugenden Läuse.

Die Häuser der Larven

Die Gallen werden durch die Saugtätigkeit der Larven gebildet. Jede Galle besitzt mehrere Kammern, in denen sich die Larven entwickeln.

Rote, gelbe und grüne Gallläuse

3 verschieden Arten befallen Fichten:

Die Rote Fichtengalllaus nutzt in einem 2-jährigen Entwicklungszyklus Lärchen als Nebenwirt. Die Gallen bilden sich aber nur auf den Fichten. Die befallenen Nadeln der Lärche sind hell, verformt und fallen manchmal ab. Auch Triebe können absterben. An der Fichte verhindern die Gallen das weitere Wachstum der Triebe.

Die Gelbe Fichtengalllaus macht sich vor allem über Rotfichten her; die Gallen hemmen das Wachstum aber nicht. Sie schaden nur optisch, z. B. bei Christbaumkulturen.

Auch die Grüne Fichtengalllaus hat einen 2-jährigen Entwicklungszyklus (mit Lärchen und Fichten). Ihre Gallen umfassen den gesamten Trieb. Ein weiteres Triebwachstum wird dadurch verhindert.

Vorbeugung

- Nützlinge fördern: Florfliegen, Marienkäfer, Schlupfwespen, Schwebfliegen
- Regelmäßige Kontrolle

Gegenmaßnahmen

- Die Schäden sind als gering einzustufen und erfordern im Garten meist keine Gegenmaßnahmen
- Entfernen der vorhandenen Gallen noch vor dem Aufplatzen (Mai bis Juli)
- Frühling: die ersten Läuse zerdrücken beziehungsweise mit scharfem Wasserstrahl absprühen (sofern sie sichtbar und erreichbar sind)

Biokonforme Mittel (Wirkstoffe)

Im Frühjahr eventuell Rapsölpräparate spritzen (solange sich die Läuse noch frei an der Pflanze bewegen und sich nicht schon geschützt in den Gallen befinden).

Der besondere Tipp!

Pflanzen Sie Koniferen nur an passenden Standorten beziehungsweise dort, wo sie auch natürlich wachsen würden. Da die Gallen oft nur ein optisches Problem darstellen, ist eine Bekämpfung nicht notwendig.

Foto: H. Krisp/Wikimedia Commons

Raupe des Großen Frostspanners.

Frostspanner, Großer (*Erannis*) und Kleiner (*Operophtera*)

Schadbild

An Laubgehölzen und Obstbäumen sind im Frühling kleine, je nach Frostspannerart bräunliche (Großer Frostspanner) bis grüne (Kleiner Frostspanner) Raupen zu finden. Sie fressen an den frischen Austrieben, an Blättern und Blütenbüscheln. Bei starkem Befall können die Bäume komplett kahl gefressen werden.

Merkmal zur sicheren Erkennung

Ein typisches Erkennungszeichen für Frostspannerraupen ist der „Katzenbuckel", den sie bei der Fortbewegung machen. Die Raupen lassen sich durch den Wind, an einem Spinnfaden hängend, von Baum zu Baum treiben. So lassen sie sich auch im späten Frühjahr zu Boden und verpuppen sich dort.

Nur die Männchen sind flugfähig

Die Flügel der Männchen sind grau-braun gefärbt mit einer wellenlinienförmigen Zeichnung. Der Körper der Weibchen ist dunkelbraun, die Flügel sind zu kurzen Stummeln zurückgebildet.

Vorbeugung

- Nisthilfen für Singvögel aufhängen
- Rindenpflege und anschließender Stammanstrich im Herbst
- Hühner scharren und fressen Raupen und Kokons aus dem Boden

Gegenmaßnahmen

Vor den ersten Frostnächten Leimringe auf den Stämmen anbringen, um die flugunfähigen Weibchen auf ihrem Weg zur Baumkrone zu fangen. Die Leimringe müssen dicht und fest am Stamm anliegen. Sie werden im Dezember wieder entfernt, damit keine anderen Tieren daran kleben bleiben.

Traditionelle Hausmittel

Spritzungen nach dem Austrieb mit Rainfarn- oder Wermuttee können Pflanzen helfen, die für einen Frostspannerbefall empfindlich sind.

Biokonforme Mittel (Wirkstoffe)

- Neem-(Azadirachtin-)Präparate spritzen
- *Bacillus thuringiensis*-Präparate spritzen

Gut zu wissen

Wenn die ersten Frostnächte auftreten, schlüpfen im Herbst die Falter aus ihren Puppen im Boden. Die ungeflügelten Frostspannerweibchen klettern die Stämme der Bäume empor, paaren sich mit den flugfähigen Männchen und legen danach bis zu 200 Eier in Rindenritzen ab, aus denen im Frühling erneut Frostspannerraupen schlüpfen.

Foto: Aleksey Stemmer/Shutterstock.com

Maikäfer.

Foto: H. Krisp/Wikimedia Commons

Gartenlaubkäfer.

Foto: R. Winkelmann/Wikimedia Commons

Junikäfer bei der Paarung.

Gartenlaubkäfer, Maikäfer und Junikäfer (Blatthornkäfer, *Scarabaeidae*)

Schadbild

Die Käfer aller 3 Arten fressen gern an Blättern, Blüten und Früchten verschiedener Laubgehölze und Obstbäume – bei Massenauftreten ist ein Kahlfraß möglich. Die Engerlinge der 3 Käfer im Boden über die Wurzeln von verschiedenen Gehölzen, Getreide, Klee und Gräsern. Die Wiesen und Rasenflächen werden dadurch lückig.

Vorbeugung

- Spitzmäuse, Maulwürfe, Igel, Laufkäfer, Grünspechte fördern
- Mit hohem Gras bewachsene und vegetationslose Stellen werden bei der Eiablage gemieden

Gegenmaßnahmen

- Hühner picken Engerlinge aus dem Boden
- Gemüsebeete mit Kulturschutznetzen bedecken, um die Eiablage zu verhindern
- Kleine Bäume abdecken oder die Käfer morgens abschütteln (ein Tuch auf dem Boden erleichtert das Auflesen der Käfer)
- Nicht flächig wässern, denn die Eier sterben bei Trockenheit ab
- Boden nach dem Käferflug regelmäßig lockern, um die Engerlinge dabei zu verletzen oder auch abzusammeln
- Engerlinge ausgraben (wo es möglich ist, etwa in umgrenzten Beeten oder Töpfen)
- Fallensystem mit Lockstoffen zur Befallskontrolle von ausgewachsenen Gartenlaubkäfern

Nützlinge im Handel

- Nematoden der Art *Heterorhabditis bacteriohphora* gegen Gartenlaubkäferengerlinge ausbringen
- *Beauveria brongniartii*-Pilzpräparate gegen Engerlinge des Maikäfers in den Boden einarbeiten.

Gartenlaubkäfer	Maikäfer	Junikäfer
Der Käfer fliegt im Mai und Juni tagsüber. 1 cm groß, braune Flügeldecken und schwarzgrün schillernder Kopfbereich	Der Käfer fliegt zwischen April und Mai, vor allem in der Dämmerung. 2–3 cm groß, braune Flügeldecken, mattschwarzer Kopfbereich	Der Käfer fliegt im Juni und Juli, am Abend. 1,5–2 cm groß, komplett hellbraun.

Gut zu wissen

Eine genaue Identifikation der Engerlinge ist wichtig, um die richtigen Bekämpfungsmaßnahmen anzuwenden. Die Unterscheidung der Engerlinge ist jedoch nicht einfach. Daher ist eine Bestimmung der Käfer im Frühjahr wichtig!

Foto: Rasbak/Wikimedia Commons

Maden der Zwiebelfliege auf Lauch.

Gemüsefliegen

Die Gemüsefliegen schlüpfen ab April aus ihren Puppen im Boden. Dem Aussehen nach ähneln sie der Stubenfliege. Nach der Fortpflanzung werden die Eier an den Wirtspflanzen (je nach Art Zwiebeln, Kohlgewächse oder Karotten) abgelegt. Die Maden fressen sich durch Wurzeln, Zwiebeln oder Knollen der Wirtspflanze.

Für alle gilt

- Kulturschutznetze verwenden (Anfang April bis Mai; für Winterlauch Ende August bis November)
- Pflanzen kontrollieren
- Befallene Pflanzen entfernen.

Traditionelle Hausmittel

Mit stark riechenden Kräutertees übergießen – das überdeckt den pflanzeneigenen Geruch der jeweiligen Wirtspflanzen. Die Fliegen finden so nicht so leicht ihr Zielobjekt.

Zwiebelfliege

Schadbild
Junge Pflanzen welken rasch, lassen sich leicht aus dem Boden ziehen. Laub wird gelblich und stirbt ab, Basis der Pflanze fault. Im Inneren der Zwiebel befinden sich kleine Maden. Vorkommen: Alle Zwiebelgewächse

Gut zu wissen
Verwenden Sie keinen frischen Mist zum Düngen, er lockt die Fliegen an!

Vorbeugung

- Pflanzenreste von Zwiebelgewächsen vom Beet entfernen und kompostieren
- Mischkultur mit Karotten

Kohlfliege

Schadbild
Die Maden fressen im Boden an den Wurzeln, dem Stängelhals und später an den Röschen des Sprossenkohls (Rosenkohl). Bei starkem Fraß sterben die Pflanzen ab. Vorkommen: Kohlgewächse, Raps, Rettich, Senf

Gut zu wissen
Am stärksten gefährdet sind Pflanzen, die Ende April bis Anfang Mai gesetzt wurden (Hauptflugzeit). Pflanzen vorher oder nachher setzen.

Vorbeugung

- Nützlinge fördern: Laufkäfer, Gallwespen
- Keine Kohlstrünke stehen lassen
- Die Nähe zu Raps und anderen Kreuzblütlern meiden
- Der Geruch von frischem Mist lockt die Fliegen an.

Möhrenfliege

Schadbild
Die Maden fressen sich in die Hauptwurzel ein. Der Geschmack verändert sich und es entsteht ein stinkender Geruch. Das grüne Kraut wird rötlich gelb und stirbt ab. In den rostbraun gefärbten Gängen findet sich Kot. Vorkommen: Karotte, Sellerie, seltener an Petersilie, Pastinake, Kümmel und Dill

Gut zu wissen
Auf befallenen Flächen mindestens 3 Jahre keine Karotten mehr anbauen. Bei einem Befall Karotten so schnell wie möglich ernten.

Vorbeugung

- Mischkultur mit Lauch/Zwiebelgewächsen
- Offene windige Lage bei der Pflanzung bevorzugen
- Gelbtafeln zur Flugkontrolle

Foto: Friedrich Böhringer/Wikimedia Commons

Raupen der Traubenkirschen-Gespinstmotte.

Gespinstmotten (*Yponomeutidae*)

Schadbild

Ab Mai sind einzelne Gespinste in Bäumen wie Kirsche, Traubenkirsche und Apfel sowie Sträuchern wie Weißdorn, Pfaffenkapperl (*Euonymus europaeus*) oder Schlehe sichtbar. Bis in den Juni hinein können diese Gespinste sich so vergrößern, dass sie ganze Gehölze überziehen. Die Raupen, die in diesen Gespinsten leben, ernähren sich von den Blättern.

Schützende Gespinste der Kinderstube

Der Falter ist circa 1 Zentimeter groß und hat weiße, gefranste und gepunktete Vorderflügel. Im Spätsommer werden die Eier gruppenweise auf die Zweige der Wirtspflanzen abgelegt. Die Raupen schlüpfen nach wenigen Wochen und überwintern geschützt unter einem Schild. Im Frühjahr bilden sich die 2 Zentimeter großen, meist gelb-grünen Raupen, die nun gruppenweise Gespinste bilden, in denen sie geschützt die Blätter abfressen. Bald sind die Gespinste mit Kotkrümeln besetzt.

Vorbeugung

Vögel und Raubwanzen fördern.

Gegenmaßnahmen

Die Entfernung der Gespinste mitsamt der Raupen ist die einfachste und wirkungsvollste Bekämpfungsmethode. Sinnvoll ist es, schon die ersten sichtbaren Gespinste zu entfernen.

Biokonforme Mittel (Wirkstoffe)

- Neem-(Azadirachtin-)Präparate spritzen
- *Bacillus thuringiensis*-Präparate spritzen

Der besondere Tipp!

Der Befall durch Gespinstmotten ist sehr auffallend – und auch der mögliche Kahlfraß wirkt oft erschreckend. Doch auch ohne Behandlung werden die Pflanzen nicht nachhaltig geschädigt und sie erholen sich rasch durch einen neuen Austrieb.

Grauschimmel (*Botrytis cinerea*)

Schadbild

Vor allem an niedrig wachsenden, weichlaubigen Pflanzen oder in sehr dichten Pflanzenbeständen treten an Blättern, Blüten und Früchten braune, weiche Faulstellen auf. Diese Stellen sind mit einem mausgrauen Pilzrasen überzogen. Besonders häufig kommt der Grauschimmel in feuchten Jahren bei Erdbeeren vor.

Grauschimmel ist ein Schwächepilz

Grauschimmel befällt vor allem geschwächte Pflanzen. Zu enger Stand der Pflanzen, hohe Luftfeuchtigkeit und eine Überdüngung mit Stickstoff fördern das Auftreten. Die Infektion kann vom Boden aus bei aufliegenden Früchten (Erdbeere) erfolgen. Aber auch eine Infektion durch Pilzsporen in der Luft ist möglich. Feuchtwarme Witterung begünstigt den Ausbruch der Botrytisfäule. Der Pilz dringt über Verletzungen in die Pflanze ein.

Vorbeugung

- Zu dichten Stand vermeiden
- Resistente Sorten pflanzen – bei Erdbeeren z. B. 'Tenira', 'Kent', 'Pegasus'
- Den Boden mit trockenem Mulchmaterial bedecken (Stroh, Holzwolle)
- Überdüngung mit Stickstoff vermeiden
- Beim Gießen die Blätter nicht überbrausen
- Morgens gießen, damit die Pflanzen schneller abtrocknen
- Mischkultur mit Knoblauch

Gegenmaßnahmen

Befallene Pflanzenteile regelmäßig entfernen.

Grauschimmel auf einer Erdbeere.

Traditionelle Hausmittel

- Knoblauchtee kann den durch Grauschimmel geschwächten Pflanzen helfen
- Regelmäßige Spritzungen mit Ackerschachtelhalmbrühe

Gut zu wissen

Der Pilz überwintert in Form von kleinen, widerstandsfähigen Dauerkörpern im Boden. Auch das Pilzmyzel kann auf abgestorbenen Pflanzenteilen den Winter überdauern. Daher befallene Pflanzenteile regelmäßig von den Beeten entfernen. Betroffene Früchte sollten nicht mehr gegessen werden.

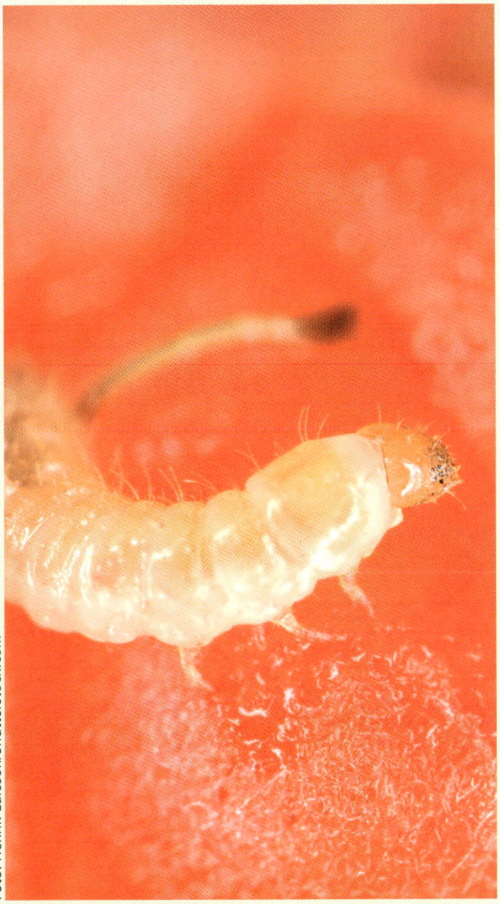

Foto: Henrik Larsson/Shutterstock.com

Larve des Himbeerkäfers.

Himbeerkäfer (*Byturus tomentosus*)

Schadbild

Die Käfer fressen an den Blättern, Blüten und Knospen sowie am Blütenboden unreifer Früchte. Die Larven schädigen das Fruchtfleisch.

Himbeeren, Brombeeren und andere Köstlichkeiten

Neben Himbeeren lassen sich die Käfer auch Brombeeren schmecken. Manchmal kann es auch passieren, dass die Tierchen Weißdorn, Zierkirsche oder Flieder befallen.

… und Rosengewächse

Die Käfer sind 3 bis 5 Millimeter groß und gelblich braun oder graubraun gefärbt. Im Frühjahr (April/Mai) verlassen sie ihre Winterquartiere im Boden und lassen sich zunächst die Blüten von Rosengewächsen schmecken. Die Weibchen legen ihre Eier in die geöffneten Blüten. Ab Juni schlüpfen die Larven. Sie sind etwa 6 bis 8 Millimeter groß, haben einen braunen Kopf und eine gelbliche Farbe. Ihre Nahrung besteht aus Fruchtfleisch.

Vorbeugung

- Geruchsüberdeckung: Zwischensaat mit Vergissmeinnicht
- Hühner: Der Boden um die Pflanzen wird nach Larven abgepickt

Gegenmaßnahmen

- Käfer entfernen, z. B. durch Abschütteln
- Die Blätter mit Gesteinsmehl zu bestäuben, kann einen kurzfristigen Fraßstopp der Käfer bewirken
- Himbeerkäferfallen aufstellen
- Weiße Leimtafeln in 1 bis 1,5 Meter Höhe aufhängen – nach dem Käferflug wieder abnehmen!

Gut zu wissen

Herbsthimbeeren sind eher nicht gefährdet, denn die Flugzeit der Käfer stimmt hier nicht mit der Blütezeit der Himbeeren überein. In Waldnähe ist die Befallsgefahr höher.

Foto: Dr. Heinrich Lösing

Das typische Schadbild der Himbeerrutenkrankheit.

Himbeerrutenkrankheit (*Didymella applanata* oder *Leptosphaeria coniothyrium*)

Schadbild

Die Himbeerrutenkrankheit wird durch verschiedene Schadpilze verursacht. An den Jungtrieben der Himbeerpflanzen bilden sich ab Mai rotbraune bis violett gefärbte Flecken, die schließlich bis zum Herbst den gesamten Trieb umschließen. An den befallenen Stellen wird der Saftstrom beeinträchtigt.

Die Pilze überwintern auf den befallenen Ruten und infizieren von dort aus die frischen Jungtriebe. Herbsthimbeeren, wie z. B. 'Autumn Bliss', die jährlich zur Gänze zurückgeschnitten werden, bleiben befallsfrei.

Merkmale zur sicheren Erkennung

Durch das Eindringen der Pilze in das Pflanzengewebe platzt die Rinde auf.

Im nächsten Jahr erscheint die Rinde silbrig grau. Die befallenen Triebe treiben nur sehr schlecht oder gar nicht mehr aus.

Vorbeugung

- Beschädigung der Ruten durch die Bodenbearbeitung vermeiden
- Boden gleichmäßig feucht halten und mit einer Mulchschicht bedecken
- Abgetragene Ruten gleich nach der Ernte entfernen
- Sommertragende Sorten im Frühsommer ausdünnen
- Sparsam düngen – am besten mit Kompost
- Himbeerrutengallmücke bekämpfen

Gegenmaßnahmen

- Erkrankte Ruten sofort entfernen
- Tritt die Rutenkrankheit regelmäßig auf, den Pflanzenstandort wechseln beziehungsweise nur Herbsthimbeeren pflanzen

Traditionelle Hausmittel

- Neuaustriebe regelmäßig mit Ackerschachtelhalmpräparaten (Brühe) spritzen

Gut zu wissen

Die Himbeerrutengallmücke spielt bei der Übertragung der Himbeerrutenkrankheit eine Rolle. Ihre Larven schaffen durch ihre Fraßtätigkeit Eintrittspforten für den Pilz.

Foto: H. Krisp/Wikimedia Commons

Blase der Johannisbeerblasenlaus.

Johannisbeerblasenlaus (*Cryptomyzus ribis*)

Schadbild

Es bilden sich beulig blasige Wölbungen („Blasen“) auf der Blattoberseite. Bei starkem Befall kommt es oft zu Blattfall und Wachstumshemmungen. Die Johannisbeerblasenlaus befindet sich blattunterseits in den Blasen.

Sommer- und Winterresidenz

Die Läuse legen ihre Eier im Herbst an den Trieben der Ribisel/Johannisbeere ab. Im Frühling beginnen die frisch geschlüpften Läuse, an den Blattunterseiten junger Blätter zu saugen. Kommt der Frühsommer, verlassen die Tierchen die Pflanze. Sie verbringen den Sommer an anderen Pflanzen. Im Herbst kehren sie zu den Johannisbeeren zurück, um ihre Eier abzulegen.

Vorbeugung

- Nützlinge fördern: Marienkäfer, Schwebfliegen
- Kontrolle, sobald die Blätter austreiben

Gegenmaßnahmen

Befallene Blätter entfernen.

Biokonforme Mittel (Wirkstoffe)

Kurz vor dem Austrieb (Austriebsspritzung) Paraffin- oder Rapsölpräparate spritzen gegen die überwinternden Eier.

Gut zu wissen

Bei roten Sorten verfärben sich die Wölbungen rot, während sie bei weißen und schwarzen Sorten grün bleiben. Am meisten werden jedoch rote Ribiseln/Johannisbeeren befallen. Ein Befall ist zwar auffallend, doch meist tolerierbar.

Foto: GARTENLeben

Kartoffelkäfer.

Kartoffelkäfer (*Leptinotarsa decemlineata*)

Schadbild

Erste sichtbare Fraßspuren der überwinternden Käfer sind etwa ab Mai zu erkennen. Danach fressen auch deren Larven an den Blättern. Bei starkem Befall kann das zu Kahlfraß führen, es bleibt nur noch das Blattgerippe stehen.

Glänzend gelb-schwarz gestreift

Die Käfer sind circa 10 bis 11 Millimeter lang mit einer halbkugeligen Körperform und gelb-schwarz gestreiften Flügeldecken. Der Kopf und die Beine der Larven sind schwarz gefärbt, der Körper ist rötlich. Ein einziges Weibchen legt zwischen Mai und August bis zu 800 Eier auf die Blattunterseite der Erdäpfel-/Kartoffelpflanzen. Nach 3 bis 4 Tagen schlüpfen die Larven, fressen etwa 2 Wochen an den Blättern und verpuppen sich im Boden, wo die Käfer überwintern.

Vorbeugung

- Gesteinsmehl über die Blätter stäuben
- Nützlinge fördern: Laufkäfer, Kröten, Eidechsen, Raubwanzen, Vögel
- Beete gut abernten: Knollen- und Pflanzenreste entfernen
- Die Bodenbearbeitung im Herbst stört die Überwinterung des Käfers

Gegenmaßnahmen

- Zerdrücken der Eier
- Absammeln der Larven und Käfer

Biokonforme Mittel (Wirkstoffe)

- Neem-(Azadirachtin-)Präparate spritzen

Gut zu wissen

Sie fressen nicht nur an Erdäpfel-/Kartoffelpflanzen, auch andere Nachtschattengewächse, wie z. B. Paradeiser/Tomaten, sind interessant für den Käfer. Der Befall ist dort aber meist deutlich geringer.

Foto: Opuntia/Wikimedia Commons

Rosskastanienminiermotte mit typischem Schadbild.

Kastanienminiermotte (*Cameraria ohridella*)

Schadbild

Bei Gegenlicht sind die Miniergänge mit den Larven (bis zu 4 Millimeter lang) in den Blättern erkennbar. Durch die Fraßtätigkeit wird die Wasserzufuhr zum Blatt abgeschnitten. Daraufhin verfärben sich die Blätter auf der Oberseite braun, rollen sich ein und fallen ab. Bei einem starken Befall können bis zu 90 Prozent der Blätter befallen werden. In den Sommermonaten können sich dadurch ganze Bäume vorzeitig braun färben. Als Reaktion auf diese Stresssituation treiben die Bäume im Herbst aus und blühen zum Teil auch. Eine verminderte Frosthärte kann die Folge sein.

Lebensweise

Bei der Rosskastanienminiermotte handelt es sich um einen Schmetterling. Er ist mit nur 5 Millimetern sehr unscheinbar.

Die Flugzeit beginnt bereits ab April. In einem Jahr können je nach Witterung 3 bis 4 Generationen auftreten.

Entwicklung

Ab Ende April legen die Weibchen bis zu 70 Eier auf der Blattoberseite. Nach rund 10 Tagen schlüpft die Larve und bohrt sich in das Blatt ein. Die weitere Entwicklung erfolgt nunmehr im Blattinneren. Ab etwa Mitte Juni können dann die ersten Kastanienminiermotten schlüpfen.

Vorbeugung

- Gute Wasser- und Nährstoffversorgung
- Nützlinge fördern: Spinnen, Vögel (Meisen, Spatzen), Schlupfwespen, Erzwespen
- Sortenwahl: Rot blühende Kastanien und Esskastanien bleiben weitgehend verschont

Gegenmaßnahmen

Die wichtigste Maßnahme überhaupt ist das gründliche Entfernen des Falllaubs im Herbst – dadurch kann der Befall deutlich vermindert werden.

Biokonforme Mittel (Wirkstoffe)

Neem-(Azadirachtin-)Präparate spritzen; das ist aufgrund der Größe der Bäume nicht immer durchführbar und außerdem recht kostspielig.

Gut zu wissen

Der Schaden beschränkt sich hauptsächlich auf die Blätter. Auch ein Befall über mehrere Jahre führt trotz des scheinbar massiven Eingriffs nicht zum Absterben der Bäume. Hauptsächlich wird die weiß blühende Rosskastanie befallen, nicht aber die Echte Kastanie (Esskastanie).

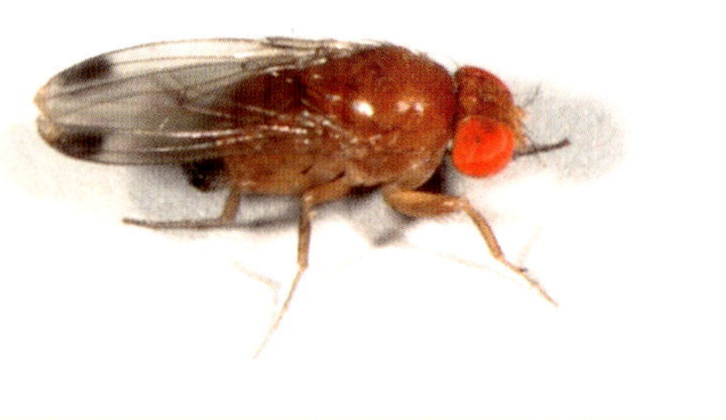

Foto: Martin Hauser/Wikimedia Commons

Kirschessigfliege.

Kirschessigfliege (*Drosophila suzukii*)

Schadbild

Kleine, unscheinbare Einstichstellen in der Fruchtschale von Wildfrüchten, Obst, Beeren und Früchten von Zierpflanzen. Das Gewebe um die Einstichstellen wird weich, das Fruchtfleisch verliert an Festigkeit, die Früchte faulen oder schrumpeln ein.

Beachtliche Nachkommenzahl

Die Weibchen der Kirschessigfliege suchen gezielt gesunde Früchte kurz vor der Fruchtreife auf. Zur Eiablage wird die Fruchthaut mithilfe eines gezackten Eiablageapparats am Hinterleib durchdrungen. Das Fruchtfleisch dient als Nahrung für die Larven. Durchschnittlich 400 Eier werden abgelegt. Bei 20 bis 25 Grad mit ausreichend Feuchtigkeit kann die Entwicklung vom Ei bis zur ausgewachsenen Essigfliege in nur 8 bis 10 Tagen stattfinden.

Becherfallen zur Befallsüberwachung: Verschlossene Behälter (z.B. herkömmliche Trinkflaschen) im oberen Drittel mit Löchern von 2 bis 3 Millimetern Durchmesser versehen. Ein Viertel der Flasche wird mit Apfelessig gefüllt. Die Fallen mindestens einen Monat vor der Fruchtreife bis zur Ernte (in Fruchtnähe und immer im Schatten) aufhängen.

Die charakteristischen Punkte auf den Flügeln männlicher Tiere sind zwar mit bloßem Auge oder mit der Lupe erkennbar. Eine eindeutige Identifizierung der Tiere ist jedoch nur durch SpezialistInnen im Labor möglich.

Gegenmaßnahmen

- Regelmäßige Befallskontrollen. Befallene Früchte gleich entfernen und die Larven innerhalb der Früchte abtöten (z.B. Früchte in einem gut verschlossenen Behälter oder luftdichter Folie für mehrere Tage in die Sonne legen beziehungsweise Früchte einfrieren oder eingraben). Am Kompost ist eine Weiterentwicklung der Larven innerhalb der Früchte möglich, abgetötete Stadien können jedoch kompostiert werden.
- Vor der Fruchtreife engmaschige Netze mit Maschenweite von maximal 0,8 mal 0,8 Millimetern lückenlos um die Kulturen anbringen (sofern dies möglich ist).

Mittel letzter Wahl

Zugelassene Präparate mit dem Wirkstoff Spinosad auf nicht blühenden Kulturen anwenden. (Aufgrund der bienenschädigenden Wirkung sollte das Mittel nur in Ausnahmefällen eingesetzt werden!)

Gut zu wissen

Früchte mit dünner oder leicht beschädigter Fruchtschale werden eher befallen. Kirschessigfliegen legen ihre Eier unterhalb der Fruchtschale ab. Bevorzugt wird dabei die der Sonne abgewandte Seite der Früchte.

Kirschfruchtfliege (*Rhagoletis cerasi*)

Foto: Drahkrub/Wikimedia Commons

Kirschfruchtfliege.

Schadbild

Die Kirschen sind um die Stielgegend bräunlich verfärbt. Die Obstmaden bohren sich in das Innere und fressen das Fruchtfleisch. Die verwurmten Früchte faulen. Teilweise kommt es zu einem vorzeitigen Fruchtfall.

Das Leben einer Kirschfruchtfliege

Ab Mitte Mai schlüpfen die 5 Millimeter großen Fliegen aus den im Boden überwinternden Puppen. Typisch sind die durchsichtigen Flügel mit dunklen Bändern. Die Tiere legen ihre Eier unterhalb der Fruchtschale von sich rötenden Kirschen. Nach etwa 1 Woche schlüpfen die beinlosen, bis zu 5 Millimeter langen Larven (= Obstmade). Die Maden verlassen die Frucht wieder (ab Juli), lassen sich zu Boden fallen und verpuppen sich circa 3 Zentimeter tief im Boden.

Als Nebenwirt dient die Heckenkirsche – wenn starke Probleme mit der Kirschfruchtfliege vorliegen, sollten keine Heckenkirschen in der näheren Umgebung gepflanzt werden.

Vorbeugung

- Laufkäfer, Schlupfwespen, Spinnen fördern
- Sortenwahl: früh blühende Sorten wählen, z. B. 'Moreau', 'Burlat', 'Kassins Frühe'
- Rasch ernten und verwerten
- Hühner unter den Bäumen picken lassen, sobald die ersten wurmigen Früchte am Boden liegen
- Mulchen der Baumscheiben im Frühling verzögert die Erwärmung des Bodens und somit den Schlupf der Fliegen
- Bei noch jungen, kleinen Bäumen Kulturschutznetze vor der Flugzeit (Anfang/Mitte Mai) über den gesamten Baum spannen
- Im Mai (bevor die Früchte rötlich werden) bis zur Ernte den Boden unter dem Baum mit Tüchern oder Insektenschutznetzen abdecken

Gegenmaßnahmen

- Entfernen vorzeitig abgefallener Früchte
- Entfernung wurmiger Früchte vom Baum
- Vor Flugbeginn (Mai): je nach Baumgröße 2 bis 10 Gelbtafeln sonnenseitig an die Kronenaußenseite aufhängen. Nach der Ernte entfernen, um andere Insekten zu schonen

Traditionelle Hausmittel

3 bis 5 Wochen nach der Blüte Wermuttee auf die heranreifenden Früchte spritzen; das kann die Fliegen ein wenig von der Eiablage an den Kirschen abhalten.

Gut zu wissen

Es handelt sich um den wichtigsten Kirschenschädling, hohe Ernteausfälle können die Folge sein. Frühe Kirschsorten werden, im Gegensatz zu mittelspäten und späten Sorten, nicht befallen, denn frühe Sorten werden vor dem Schlupf der Larven reif. An luftigen Standorten ist der Befall ebenfalls deutlich geringer.

Kohlhernie an Blumenkohl.

Kohlhernie (*Plasmodiophora brassicae*)

Schadbild

Befallene Pflanzen entwickeln sich schlecht, stoppen das Wachstum und welken rasch. Es bilden sich weniger und kleinere blaugrün gefärbte Blätter. Ältere Blätter vergilben.
An Haupt- und Seitenwurzeln entstehen krebsartige Wucherungen. Diese sind innen weiß, später braun und haben keine Hohlräume.

Lebensweise

Der Schleimpilz lebt im Boden und dringt in die Pflanzenwurzeln von Kreuzblütlern ein. Die in den Wurzeln gebildeten Dauerpilzsporen sind sehr widerstandsfähig und können jahrelang im Boden erhalten bleiben. Durch Nässe, kalkarme oder mit Frischmist überdüngte Erden, verdichtete, lehmige Böden und zu dichte Fruchtfolge der verschiedenen Kreuzblütlerarten wird das Auftreten der Krankheit begünstigt. Die stärkste Infektionsrate gibt es im Hochsommer bei hoher Bodenfeuchtigkeit und hoher Bodentemperatur.

Verwechslungsgefahr

Die Kohlhernie kann den Wucherungen des Kohlgallenrüsslers verwechselt werden. Die Gallen des Kohlgallenrüsslers sitzen jedoch nie an den Seitenwurzeln. Die Wucherungen sind innen hohl, und oft ist im Inneren noch die Larve des Kohlgallenrüsslers zu finden. (Eine direkte Bekämpfung dieses Schädlings ist im Hausgarten kaum möglich und auch nicht notwendig.)

Vorbeugung

- pH-Wert des Bodens überprüfen; bei einem Wert unter 7 den Boden kalken
- Befallene Pflanzenteile nicht kompostieren
- Kreuzblütler nur alle 3 bis 4 Jahre auf das gleiche Beet pflanzen
- Zur Vorbeugung etwas Algenkalk in das Pflanzloch streuen
- Während der Kulturen Gründüngung aussäen – keine Kreuzblütler wie Gelbsenf und Ölrettich

Gegenmaßnahmen

- Befallene Pflanzen sorgfältig entfernen. So wenig Wurzeln wie möglich sollten im Boden zurückbleiben.
- Wenn die Kohlhernie aufgetreten ist, sollten mindestens 7 Jahre keine Kreuzblütler angepflanzt werden

Gut zu wissen

Durch Kohlhernie befallene Pflanzen können nicht geheilt werden. Auch Nicht-Kreuzblütler können befallen werden, zeigen keine Schadsymptome, sind aber Träger der Krankheit. Kohlhernie kann auch durch Regenwürmer, Beregnungswasser, Erosion, Wind und Gartengeräte weiterverbreitet werden.

Foto: MagigBones/Shutterstock.com

Raupen des Kohlweißlings auf einem Kohlblatt.

Kohlweißling (*Pieris brassicae*)

Schadbild

An gefährdeten Pflanzen wie Kohlgewächsen, Kapuzinerkresse, Raps, Kren (Meerrettich), Radieschen, Rucola und anderen Kreuzblütlern fressen die Raupen des Kohlweißlings an den Blättern. Meist bleiben nur die Blattrippen übrig.

Merkmale zur sicheren Erkennung

Es treten 2 Arten von Kohlweißlingen auf – der Große und der Kleine Kohlweißling.

Großer Kohlweißling: Der milchig weiße Falter hat eine Flügelspannweite von etwa 6 Zentimetern. Die Raupen sind gelb-grün mit schwarzen Punkten gefärbt und werden etwa 5 Zentimeter lang. Die goldgelben Eier werden in Gruppen abgelegt.

Kleiner Kohlweißling: Die Flügelspannweite beträgt hier nur etwa 4,5 Zentimeter. Die Eier werden einzeln an den Blättern abgelegt. Die Raupe wird nur circa 2,5 Zentimeter lang, ist grünlich gefärbt mit schmaler gelber Rückenlinie und sehr kleinen schwarzen Punkten.

Im Spätsommer werden die Überwinterungsplätze, die teilweise weit vom Gemüsegarten entfernt sind, aufgesucht. Die Puppe überwintert oft an Hauswänden, an Baumstämmen, in Holzstößen oder auf Dachböden.

Vorbeugung

- Natürliche Feinde wie Schlupfwespen und Vögel fördern
- Raupen und Eier absammeln
- Urgesteinsmehl über die Blätter stäuben
- Mischkultur mit Sellerie oder Paradeisern/Tomaten

Gegenmaßnahmen

Gefährdete Kulturen vorbeugend mit Insektenschutznetzen abdecken.

Traditionelle Hausmittel

Während der Flugzeit der Falter stark riechende Tees aus Wermut-, Lavendel-, Knoblauch- oder Paradeiser-/Tomatenblättern zur Geruchsüberdeckung auf die Blätter spritzen.

Biokonforme Mittel (Wirkstoffe)

- *Bacillus thuringiensis*-Präparate spritzen
- Neem Präparate spritzen

Gut zu wissen

Bei beiden Arten richtet erst die zweite Generation, die ab Mitte Juli auftritt, Schaden an den Wirtspflanzen an. Die wirksamste Maßnahme ist das Abdecken der Pflanzen mit Kulturschutznetzen zur Flugzeit ab Juli.

Foto: Goldlocki/Wikimedia Commons

Kraut- und Braunfäule auf Tomate.

Kraut- und Braunfäule (*Phytophtora infestans*)

Schadbild

Die Braunfäule ist eine häufige Pilzerkrankung an Paradeisern/Tomaten und Erdäpfeln/Kartoffeln. Befallene Pflanzen und Früchte verfärben sich braunschwarz und sterben rasch ab.

Merkmale zur sicheren Erkennung

An den Blättern und Stängeln entstehen graugrüne unregelmäßige Flecken, die sich später braun bis schwarz verfärben. Auf der Blattunterseite ist meist ein weißgrauer Pilzbelag zu sehen. An Paradeisern/ Tomaten bilden sich helle Flecken, die später braun werden. Das Fruchtfleisch bleibt hart und fault. Bei Erdäpfeln/Kartoffeln entstehen an den Knollen braune einsinkende Flecken. Darunter verfärbt sich das Fleisch rotbraun und die Knollen faulen.

Vorbeugung

- Nässe auf den Blättern vermeiden, daher nur zu den Wurzeln gießen – Paradeiser/Tomaten in Kübeln unter Dach oder unter einem Foliendach ziehen
- Paradeiser/Tomaten und Erdäpfel/Kartoffeln nicht in unmittelbarer Nachbarschaft pflanzen
- Nur an luftigen Standorten pflanzen
- Fruchtfolge einhalten, bei einem Befall mindestens 4 Jahre pausieren
- Durch regelmäßiges Ausgeizen trocknen die Pflanzen schneller ab
- Pflanzstäbe und Schnüre vor der Wiederverwendung gründlich reinigen
- Robuste Paradeiser-/Tomatensorten pflanzen: 'De Berao', 'Tigerella'
- Kranke Pflanzen nicht mehr weitervermehren

Gegenmaßnahmen

Bei geringem Befall werden befallene Blätter und Pflanzenteile entfernt.

Traditionelle Hausmittel

- Alle frischen Austriebe alle 2 bis 3 Wochen mit Ackerschachtelhalm spritzen
- Paradeiser/Tomaten mit Komposttee gießen, auch Blätter damit besprühen

Mittel letzter Wahl

Kupferpräparate: Aufgrund der bodenschädigenden Wirkung (z. B. toxisch für Regenwürmer) nur in Ausnahmefällen einsetzen! Eine Bodenabdeckung (Plane etc.) unter der Kultur vermindert die Auswaschung. Die maximale Anzahl der Anwendungen pro Jahr und die Gesamtaufwandmenge sind im biologischen Landbau beschränkt.

Gut zu wissen

Die Sporen gelangen durch Wind und Regen – vor allem bei feuchtwarmer Witterung – auf die Pflanzen, so kann die Infektion auch über eine große Entfernung erfolgen. Die Sporen überwintern an befallenen Laubresten, in erkrankten Erdäpfeln/Kartoffeln im Boden oder auch an Pflanzstäben.

Foto: Rasbak/Wikimedia Commons

Schadbild der Lauchmotte.

Lauchmotte (*Acrolepiopsis assectella*)

Schadbild

Die Larven der Lauchmotte kommen an Zwiebel, Lauch und Schnittlauch vor. An den Blättern finden sich anfangs Schäden durch Schabefraß, später treten Minierfraßgänge auf. Die Blattspitzen verfärben sich gelb und welken. Später fressen sich die Raupen bis ins Innere der Pflanze hinein. Die Fraßgänge beginnen zu faulen.

Die Lauchmotte überwintert an geschützten Stellen als Falter, kann aber auch im Puppenstadion überdauern.

Merkmale zur sicheren Erkennung

Die Raupen sind etwa 1,5 Zentimeter lang und von gelblich weißer bis grüner Färbung. Die Motte selbst hat eine Flügelspannweite von circa 2 Zentimetern und ist bräunlich gefärbt mit weißen Flecken an den Flügeln.

Vorbeugung

- Schlupfwespen, Fledermäuse fördern
- Mischkultur mit Karotten oder Sellerie
- Windige Lagen werden von den Lauchmotten gemieden.

Gegenmaßnahmen

- Kulturen mit Insektenschutznetzen, vor allem zur Flugzeit der zweiten Generation, abdecken
- Die Larven in den Gängen mit der Hand zerdrücken
- Befallene gelbe oder welke Blätter entfernen

Biokonforme Mittel (Wirkstoffe)

- *Bacillus thuringiensis*-Präparate spritzen

Gut zu wissen

Die erste Generation fliegt im April und Mai und legt ihre Eier meist abends an den Blättern ab. Den größten Schaden richtet die zweite Generation an. Sie tritt von Juli bis Oktober auf.

Foto: Luis Miguel Bugallo Sánchez/Wikimedia Commons

Lilienhähnchen.

Lilienhähnchen (*Lilioceris lilii*)

Schadbild

Lochfraß vor allem an den Blättern und Blüten, durch Larven und Käfer. Seltener sind Schäden an Stängeln und Samenkapseln zu sehen. Fraßschäden an den Pflanzen sind etwa ab Ende März, Anfang April zu beobachten.

Gefräßige Käfer und Larven

Besonders gern verspeisen die kleinen Käfer Madonnenlilien. Aber auch Kaiserkrone, Vielblütige Weißwurz, Bittersüßer Nachtschatten und Schnittlauch stehen auf dem Speiseplan.

Der 6 bis 8 Millimeter große Käfer hat eine rote Körperoberseite, eine schwarze Unterseite und einen schwarzen Kopf. Im Frühjahr verlässt er sein Überwinterungsquartier im Boden. Auf der Blattunterseite werden dann in Reihen die roten (später braunen) 1 Millimeter großen Eier abgelegt. Daraus schlüpfen die bis zu 1 Zentimeter großen Larven, mit schwarzen Köpfen und orangeroten Körpern. Die Larven fressen nun etwa 2 Wochen an den Pflanzen und verpuppen sich dann. Nach 3 Wochen schlüpft ein neuer Käfer. So sind bei guten Witterungsbedingungen 2 bis 3 Generationen pro Jahr möglich.

Vorbeugung

- Bittersüßen Nachtschatten entfernen, er ist eine beliebte Wirtspflanze für das Lilienhähnchen
- Pflanzenteile mit Gesteinsmehl bestäuben; das kann einen kurzfristigen Fraßstopp bringen

Gegenmaßnahmen

Entfernung der Käfer, Eier und Larven – per Hand oder mit dem scharfen Strahl des Gartenschlauchs; die Larven finden in der Regel nicht auf die Pflanzen zurück.

Biokonforme Mittel (Wirkstoffe)

Neem-(Azadirachtin-)Präparate spritzen gegen Junglarven.

Gut zu wissen

Die Käfer lassen sich bei Gefahr zu Boden fallen und geben zirpende Geräusche von sich; daher auch die Namensgebung Lilien-*„hähnchen"*. Die Larven sind umgeben von schwarzem Kotschleim – deshalb werden sie von Fraßfeinden oft verschmäht.

Marillenbaumsterben (Apoplexie)

Mit der Pracht kann es plötzlich vorbei sein – die befallenen Bäume sterben innerhalb weniger Tage ab.

Schadbild

Es kommt zu einem schlagartigen Welken und Verdörren einzelner Zweige oder auch der ganzen Krone. Zumeist junge Marillenbäume sterben innerhalb kurzer Zeit ab. Das Marillenbaumsterben tritt am häufigsten zwischen dem dritten und siebten Standjahr auf.

Apoplexie oder auch „Schlagtreffen" genannt

Ursache für das „Schlagtreffen" der Marille/Aprikose ist eine Verstopfung der Saftleitbahnen durch ein gummiartiges Harz.

Dieses plötzliche Absterben ist immer die Summe mehrerer Faktoren. Dazu zählen Kälteschäden, ungünstiger Standort, Düngungsfehler, Infektion durch Bakterienbrand, *Monilia* oder Schrotschusskrankheit. Auch ein zu starker Fruchtbehang im Vorjahr kann mit ein Grund sein, warum ein Marillenbaum geschwächt ist.

Eher widerstandsfähige Sorten

- 'Sylvercot'
- 'Goldrich' – gilt als Sorte mit den geringsten Baumausfällen
- 'Bergarouge'
- 'Harlayne'

Vorbeugung

- Auf geeigneten Standort achten. Besonders in niederschlagsreichen und nebeligen Gebieten mit schweren, kalkarmen, staunassen Böden kommt es aufgrund der Empfindlichkeit der Marille verstärkt zum Schlagtreffen (Marillen bevorzugen leichte, durchlässige Böden in geschützter Lage).
- Bei sehr starkem Fruchtbehang ausdünnen
- Pflege- und Ernährungsfehler wie unsachgemäßer Schnitt, Belassen von Fruchtmumien, Überdüngung – besonders mit Stickstoff –, vermeiden
- Sortenwahl

Gegenmaßnahmen

Bei geringer Ausprägung befallene Äste ausschneiden.

Gut zu wissen

Wichtig ist die Ausdünnung des Fruchtbehangs, denn Früchte kosten dem Baum Kraft (circa eine Frucht pro Handbreite).

Marssonina (*Marssonina juglandis*)

Schadbild

Dunkle, unregelmäßige Flecken auf Walnussblättern und der Fruchtschale heranreifender Nüsse

Blattflecken schon zeitig im Jahr

Die *Marssonina*-Blattfleckenkrankheit ist eine häufige Krankheit an Walnüssen. Der Pilzbefall verursacht im Frühjahr dunkle Flecken auf den Blättern, die sich rasch vergrößern und zusammenfließen. Teilweise brechen befallene Partien aus dem Blatt heraus und hinterlassen ein Loch. Abhängig vom Befallsdruck kann ein vorzeitiger Blattfall schon im August oder September stattfinden.

Auch Nüsse betroffen

Auf der grünen Fruchtschale junger Nüsse werden ebenfalls schwarze Flecken sichtbar, die sich mit der Zeit vergrößern und ineinanderfließen. Befallene Walnüsse fallen aufgrund der Infektion vorzeitig vom Baum. Eher selten dringt der Krankheitserreger bis in den Kern der Nüsse vor – und erst dann werden sie ungenießbar.

Entwicklungszyklus

Auf der Blattunterseite finden sind im Bereich der dunklen Flecken ringförmig angeordnete Punkte. Diese schwarzen Sporenlager dienen der Verbreitung der Pilzsporen im Frühjahr. Bei Temperaturen ab 5 Grad und mehreren Stunden mit ausreichender Feuchtigkeit auf den Blättern kann die Infektion stattfinden. Gemäßigte Temperaturen und anhaltend feuchte Bedingungen begünstigen den Befall. Den Winter überdauert der Pilz in abgefallenem Laub.

Foto: H. Zell/Wikimedia Commons

Von *Marssonina* befallene Früchte.

Vorbeugung

Entfernen abgestorbener Triebe, um die Krone luftiger zu gestalten. (Ein genereller Rückschnitt gesunder Äste ist bei Walnussbäumen jedoch nicht förderlich!)

Gegenmaßnahmen

Entfernen der abgefallenen Blätter und befallener Früchte.

Gut zu wissen

Verwechslungsmöglichkeiten:

Bakterienbrand an der Walnuss: sehr ähnliches Erscheinungsbild an Blättern und Fruchtschale. Das Bakterium überwintert jedoch in Knospen und Trieben, die Falllaubentfernung ist hier nicht zielführend.

Walnussfruchtfliege: dunkel verfärbte Fruchtschale, von der Konsistenz her weich und schleimig. Unterhalb der Schale finden sich Maden (sofern diese die Nuss noch nicht verlassen haben).

Foto: juefraphoto/Shutterstock.com

Maulwurf.

Maulwurf (*Talpa europaea*)

Nützlicher Lästling

Als Insektenfresser ist der Maulwurf kein Schädling, sondern ein Nützling. Er kann mitunter in die Kategorie „Lästling" eingestuft werden, da seine Haufen ein optisches Problem im Garten darstellen: Bei seiner unermüdlichen Suche vorwiegend nach Insekten und Würmern im Boden wird Erde aus den Gängen transportiert. Dadurch entstehen die sogenannten Maulwurfshügel, die unschön im Rasen oder in Blumenbeeten auffallen können. Auf Wiesen tragen die Erdhaufen zur Artenvielfalt bei. Es können sich dort Pflanzen ansiedeln, die in der geschlossenen Pflanzendecke nicht keimen könnten.

Grabender Nützling

Der Maulwurf muss täglich die Menge an Beutetieren vertilgen, die seinem Körpergewicht entspricht. Auf seinem Speiseplan steht ausschließlich tierische Nahrung wie Drahtwürmer, Erdraupen, Engerlinge, Rüsselkäferlarven, Schnecken, junge Wühlmäuse, Maulwurfsgrillen, Kohl- und Wiesenschnakenlarven sowie Regenwürmer.

Wo Bodenschädlinge ein Problem sind, sollte also der Maulwurf willkommen geheißen oder zumindest in Ruhe gelassen werden.

Vorbeugung

Der Maulwurf orientiert sich außer mit seinem Tastsinn hauptsächlich durch seinen Geruchs- und Gehörsinn. Diese beiden Sinne gilt es für eine Vertreibung, so oft wie möglich zu stören:

- Gerüche: Holunderblätterjauche, Fischköpfe oder Fischreste, Zitronenschalen, Menschen-, Tierhaare, in Lavendel- oder Zitronenöl getränkte Wattekugeln oder Tonscheiben regelmäßig in die Gänge geben.
- Geräusche: Eisenstangen einschlagen und über einen längeren Zeitraum kräftig mit einer anderen Stange oder einem Hammer daran klopfen. Wichtig ist, dass die Geräusche unregelmäßig erfolgen, sonst gewöhnen sich die Tiere daran.

Gegenmaßnahmen

Da er kein Schädling ist, sind keine direkten Bekämpfungsmaßnahmen zugelassen.

Man darf ihn nur vertreiben: Hierzu sind verschiedene Repellentien (z. B. Lavandinöl) im Handel erhältlich.

Traditionelle Hausmittel

Holunderblattjauche regelmäßig in die Gänge gegossen, vertreiben die Maulwürfe.

Der besondere Tipp!

Maulwurfshügelerde eignet sich hervorragend für Blumenkisten oder als Anzuchterde. Dafür werden je ein Drittel Erde, Sand und Kompost gemischt.

Foto: Jausa/Shutterstock.com

Maulwurfsgrille.

Maulwurfsgrille (*Gryllotalpa gryllotalpa*)

Schadbild
In Gemüsebeeten, lockeren Böden und feuchten Wiesen sind Löcher mit fingerdicken Gängen vorzufinden. Wurzeln werden angefressen, vor allem rund um die Brutnester der Maulwurfsgrillen. Es können sich auch Kahlstellen im Rasen zeigen oder Setzlinge werden angehoben und vertrocknen daraufhin.

Heuschrecke ohne Sprungvermögen
Maulwurfsgrillen zählen zu den Heuschrecken, sie haben aber das Sprungvermögen ihrer Hinterbeine eingebüßt – zugunsten einer grabenden Lebensweise unter der Erde. Mit ihren Vorderbeinen, die Grabschaufeln ähneln, wühlen sie sich auf der Suche nach Insekten, Larven und Würmern durch das Erdreich. Da aber auch Wurzeln auf ihrem Speiseplan stehen, geraten sie leicht ins Fadenkreuz der Gartenbesitzer.

Vom Ei bis zum erwachsenen Tier
Im Mai/Juni können die Tiere nachts auch oberirdisch angetroffen werden. Nach der Befruchtung graben die Weibchen 20 bis 30 Zentimeter tiefe Gänge, die in einer Brutkammer enden. Pro Nest werden bis zu 300 gelbliche, 2 Millimeter große Eier abgelegt. Als fürsorgliche Mutter bewacht das Weibchen ihre Eier und zunächst auch die Jungtiere.

Das Gangsystem verläuft flach unter der Erdoberfläche, die Gänge zum Nest fallen jedoch senkrecht ab. Die Winterruhe verbringen sie tief im Boden.

Vorbeugung
Natürliche Fressfeinde wie z. B. Maulwurf, Igel, Spitzmaus, Amsel, Krähe fördern.

Gegenmaßnahmen
- Den Gängen mit dem Zeigefinger bis zum Nest folgen. Die Nester können ausgegraben werden oder etwas Speiseöl und dann langsam Wasser eingießen. Die Tiere kommen dadurch an die Oberfläche und können abgefangen werden. Eier und Larven sterben ab.
- Im Zeitraum von April bis Juni glattwandige Gefäße in den Boden eingraben. Bretter sternförmig um das Gefäß stellen, damit nachts die Tiere entlang der Bretter zur Falle geleitet werden und hineinfallen.

Nützlinge im Handel
Einsatz von Nematoden der Art *Steinernema carpocapsae* (April bis Mai)

Gut zu wissen

Durch den Fraß verschiedener wirbelloser Tiere im Boden hat die Maulwurfsgrille eigentlich auch eine äußerst nützliche Seite. Daher sollte nur bei sichtbaren Schäden gegen sie vorgegangen werden. Durch die teilweise starke Verfolgung in Hausgärten ist sie regionsweise schon selten geworden.

Foto: GARTENLeben

Echter Mehltau auf Ahorn.

Echter Mehltau (*Erysiphales*)

Schadbild

Auf der Blattoberseite bildet sich ein weißer, mehliger und abwischbarer Belag. Dieser breitet sich später flächig aus. Zur Nährstoffaufnahme dringt der Pilz mit speziellen Saugfortsätzen in das Gewebeinnere. Das führt zu Wachstumsstörungen, Verkrümmungen und schließlich zum Absterben der betroffenen Pflanzenteile.

Biologie

Wind und Insekten verbreiten die Pilzsporen. Trockene sowie schwülwarme Witterung und hohe Temperaturunterschiede zwischen Tag und Nacht begünstigen die Ausbreitung. Für die Keimung brauchen die Sporen Feuchtigkeit – hohe Luftfeuchtigkeit oder Morgentau reichen dafür aus. Der Pilz überwintert an der Pflanze auf Knospenschuppen oder an Zweigen.

Vorbeugung

- Ausgewogene Düngung: keine stickstoffreiche, stark triebige Düngung mit frischem Mist oder leicht löslichen chemisch-synthetischen Mineraldüngern
- Gewächshäuser vor allem bei warmer Witterung gut lüften
- Weite Pflanzabstände – Trocknung erfolgt schneller.
- Knoblauch als Mischkulturpartner
- Befallene Ernterückstände auf den Beeten entfernen
- Auswahl weniger empfindlicher Sorten, z. B. bei Gurken oder Rosen

Gegenmaßnahmen

Befallene Pflanzenteile sofort entfernen.

Traditionelle Hausmittel

- Ackerschachtelhalmbrühe regelmäßig auf die sich neu bildenden Triebe spritzen
- Stärkung mit Komposttee, auch die Blätter damit behandeln
- Natriumhydrogencarbonat (Backpulver) hilft bei einem geringen bis mäßigen Befall (Seite 31)
- Molke beziehungsweise unpasteurisierte Milch (Seite 32)

Mittel der letzten Wahl

Netzschwefelpräparate spritzen. (Aufgrund der nützlingsschädigenden Wirkung sollte das Mittel nur in Ausnahmefällen eingesetzt werden.)

Der besondere Tipp!

Für Pilzkrankheiten gilt immer: vorbeugend stärken.
Es gibt etliche Pilzarten, die zur Gruppe der echten Mehltaupilze zählen. Jede Mehltauart ist auf eine bestimmte Wirtspflanze spezialisiert und kann sich nur von ihr ernähren. So befällt beispielsweise der Stachelbeermehltau wirklich nur Stachelbeeren.

Foto: Ixitixel/Wikimedia Commons

Falscher Mehltau auf der Blattoberseite.

Foto: Rude/Wikimedia Commons

Falscher Mehltau auf der Blattunterseite.

Falscher Mehltau (*Peronosporales*)

Schadbild

An Laubblättern treten auf der Blattoberfläche zuerst gelbe Blattflecken auf, die sich später braun verfärben und von den Blattadern deutlich begrenzt werden. In weiterer Folge bildet sich an der Blattunterseite ein gräulich-bläulicher Belag. Lang anhaltender Befall führt zum Absterben der betroffenen Laubblätter.

Verschiedene Pilzarten – ein Krankheitsbild

Verschiedene Pilzarten aus der Ordnung der Peronosporales, der Eipilze, können Verursacher dieses Schadbildes sein. Die Sporen werden über den Wind verfrachtet. Die Erreger überwintern im Boden und die Sporen keimen bereits ab 5 Grad. Zur Keimung müssen sie über mehrere Stunden hinweg Feuchtigkeit ausgesetzt sein. Durch die Spaltöffnungen des Blattes wächst der Pilz buchstäblich in die Wirtspflanze hinein.

Vorbeugung

- Resistente beziehungsweise widerstandsfähigere Gemüsesorten pflanzen
- Pflanzen nicht zu eng setzen, um ein schnelles Abtrocknen zu fördern
- Stickstoffüberdüngung vermeiden

Gegenmaßnahmen

Kranke Pflanzen entfernen.

Traditionelle Hausmittel

- Ackerschachtelhalmpräparate regelmäßig zur Stärkung anwenden
- Stärkung mit Komposttee; auch die Blätter damit behandeln

Mittel der letzten Wahl

Kupferpräparate: Aufgrund der bodenschädigenden Wirkung (toxisch für einige Bodenorganismen, insbesondere Regenwürmer) sollte das Mittel nur in Ausnahmefällen eingesetzt werden. Eine Bodenabdeckung (Plane etc.) unter der zu behandelnden Kultur vermindert die Auswaschungen in den Boden. Die maximale Anzahl der Anwendungen pro Jahr und die Gesamtaufwandmenge sind im biologischen Landbau beschränkt.

Gut zu wissen

Im Gegensatz zum Echten Mehltau, der auf der Blattoberseite einen abwischbaren Belag bildet, lässt sich der gräulich-bläuliche Pilzrasen, verursacht durch die Erreger des Falschen Mehltaus, an der Blattunterseite nicht abwischen.

Foto: Hans-Martin Scheibner

Fraßgänge einer Minierfliege.

Minierfliegen (*Agromyzidae*)

Schadbild

An den Blättern findet man Gänge oder Flecken. Darin verborgen sind kleine Larven und deren Kot. Des Weiteren kommt es durch das Anstechen des Blattgewebes durch die erwachsenen Fliegen zu Nekrosen, Absterben von Gewebeteilen an der Pflanze.

Vorkommen

Schäden können sowohl im Gewächshaus als auch im Freiland auftreten. Minierfliegen fressen an Zierpflanzen wie Chrysanthemen, an Flieder und Heckenkirschen, Ringelblumen, an verschiedenen Gemüsekulturen und an etlichen anderen Pflanzen.

So viele von ihnen

Allein in Europa gibt es etwa 350 Arten der kleinen, 1 bis 5 Millimeter großen, meist dunklen Fliege. Die Larven minieren in den Blättern, Stängeln und Samen. Je nach Art entstehen unterschiedliche Fraßbilder. Die verschiedenen Minierfliegenarten sind oft auf bestimmte Pflanzenarten spezialisiert. Das heißt, nicht jede Art frisst an jeder Pflanze.

Vorbeugung

- Sorten- und Artenwahl: keine anfälligen Sorten und Arten verwenden
- Kulturschutznetze

Gegenmaßnahmen

- Nützlinge fördern: Schlupfwespen
- Larven in den Blättern zerdrücken
- Entfernen aller befallenen Blätter. Ist der Befall massiv, am besten alle Zweige bis auf kurze Seitentriebe zurückschneiden.
- Gewächshaus: Nützlinge einsetzen (Brackwespen, Erzwespen)
- Aufstellen von Gelbtafeln

Biokonforme Mittel (Wirkstoffe)

Neem-(Azadirachtin-)Präparate spritzen.

Der besondere Tipp!

Ein geringer Befall durch Minierfliegen ist vernachlässigbar. Ein Massenbefall hingegen kann Kulturen auch stärker schädigen. Hält man die Blätter gegen das Licht, so sind die Larven und Puppen meist sichtbar. Die natürliche Nützlingsleistung ist hier eindeutig höher als die Wirkung von Pflanzenschutzmitteln!

Foto: GARTENLeben

Mit *Monilia* befallene Äpfel.

Monilia

Schadbild

Monilia ist eine Pilzerkrankung, die je nach Art – an den Triebspitzen oder den Früchten – an Kern- und Steinobst auftritt.

Monilia-Spitzendürre

Sie kommt vor allem bei Kirsche, Weichsel und Marille vor. Nach der Blüte welken die Triebspitzen rasch. Die Blüten und Blätter trocknen ein und die Triebspitze stirbt schließlich ab. Verwelkte Blütenstiele und die Blätter bleiben oft bis zum Herbst an den Bäumen hängen. An den Trieben tritt Gummifluss auf (harz-ähnliche Tropfen). Besonders gefährdet sind Sauerkirschen/Weichseln – vor allem die Schattenmorelle. Tritt die Spitzendürre auf Kernobst auf, kann das Schadbild leicht mit dem Feuerbrand (einer Bakterienkrankheit) verwechselt werden.

Monilia-Fruchtfäule

An den Früchten bilden sich zuerst kleine Faulstellen, die sich rasch kreisförmig auf der Frucht ausbreiten. An den Faulstellen entstehen graubraune Schimmelpolster. Die verfaulten Früchte bleiben schließlich am Baum hängen (= Fruchtmumien). Der Pilz nutzt Verletzungen der Früchte durch Schädlinge, Hagel oder Schorf als Eintrittspforten.

Lebensweise

Beide Erreger verbreiten sich über Sporen, die von hängen gebliebenen Fruchtmumien ausgestoßen werden. Weitere Sporen können aber auch in Rindenritzen und Knospenschuppen oder im Boden überwintern. Monilia entwickelt sich bei feuchtem Wetter sehr schnell.

Vorbeugung

- Bei sehr dichtem Behang Früchte ausdünnen
- Verletzungen an den Früchten verhindern (Schädlinge bekämpfen)
- Widerstandsfähige Sorten pflanzen
- Infiziertes Fallobst und Falllaub entfernen
- Nur gesundes Obst einlagern
- Baumscheiben anlegen und mit Kren/Meerrettich bepflanzen

Gegenmaßnahmen

- Befallene Früchte und Fruchtmumien sofort entfernen
- Befallene Triebe bis ins gesunde Holz zurückschneiden

Traditionelle Hausmittel

- Spritzung mit Kren-/Meerrettich- und Knoblauchtee zur Gesunderhaltung und Kräftigung von Pflanzen, die gegenüber *Monilia* empfindlich sind
- Alle frischen Austriebe regelmäßig mit Ackerschachtelhalmbrühe spritzen

Gut zu wissen

Sind Früchte infiziert, so kann der Pilz auch durch Berührung auf andere Früchte übergehen. Werden infizierte Früchte geerntet und eingelagert, erkranken diese im Lager an einer Fruchtfäule, der Monilia-Schwarzfäule.

Foto: Donald Hobern/Wikimedia Commons

Von der Narren-/Taschenkrankheit befallene Frucht.

Narren- oder Taschenkrankheit (*Taphrina pruni*)

Schadbild

Zu Beginn wachsen die befallenen jungen Früchte deutlich schneller als gesunde, sie bekommen jedoch eine verkrüppelte, flach gedrückte, löffelartige Form. Die Oberfläche ist anfangs glatt und hellgrün, später bildet sich ein reifartiger, gelblich grauer Belag. Anschließend schrumpfen die Früchte von der Spitze zurück, trocknen ein oder faulen und fallen vorzeitig ab. Das Fruchtfleisch bleibt grün, hart und saftlos. Anstelle des Kerns findet man einen Hohlraum – die Taschen. Je nach Befallsstärke kann der Ertrag stark beeinträchtigt werden.

Pilzerreger

Die Narren- oder Taschenkrankheit ist eine Pilzerkrankung, die häufig an Zwetschken/Pflaumen, Marillen/Aprikosen oder Traubenkirschen vorkommt. In seltenen Fällen kann auch ein Befall an Kriecherln/Mirabellen und Ringlotten/Renekloden auftreten.

Vorbeugung

- Widerstandsfähige Sorten verwenden (Spätsorten sind besonders gefährdet)
- Regelmäßigen Baumschnitt durchführen, um für eine gute Durchlüftung der Krone zu sorgen
- Rindenpflege mit Baumanstrich zum Ende des Jahres

Gegenmaßnahmen

- Befallene Früchte und Pflanzenteile einsammeln und entfernen
- Stark befallene Triebe abschneiden

Traditionelle Hausmittel

- Alle frischen Austriebe regelmäßig mit Ackerschachtelhalmbrühe spritzen
- Knoblauchtee/-jauche zur Gesunderhaltung und Stärkung von Bäumen, die gegenüber Pilzkrankheiten empfindlich sind

Gut zu wissen

Der Erregerpilz überwintert auf den Trieben und überdauert auch in Knospenschuppen. Besonders in milden Wintern in Verbindung mit regnerischen Tagen zum Zeitpunkt der Blüte ist die Infektionsgefahr am höchsten. Bei warmem, trockenem Wetter während der Blüte findet kaum eine Infektion statt.

Durch Nematoden verursachte Wurzelgallen.

Nematoden (*Nematoda*)

Neben den vielen nützlichen Nematodenarten gibt es eine Vielzahl schädlicher Nematoden, auch bezeichnet als Älchen oder Fadenwürmer.

Schadbild

Befallen werden je nach Nematodenart verschiedenste Teile einer Pflanze, z. B. Wurzeln, Blätter oder Stängel. Für Gemüsegärtnerinnen und -gärtner erweisen sich oft Wurzelälchen als unangenehme Gesellen. An Zierpflanzen machen sich gern Blattnematoden zu schaffen. Es entstehen Flecken oder Gallen an den Blättern der befallenen Pflanze.

Wie von Geisterhand

Auf den ersten Blick ist nicht immer gleich erkennbar, dass Nematoden der Grund für eine kränkelnde Pflanze sind. Denn die Würmchen sind nur etwa 1 Millimeter groß und zudem farblos.

Sie ernähren sich vom Pflanzensaft und stören den Stoffwechsel des Gewächses. Mit einem kleinen Mundstachel stechen sie die unterschiedlichen Pflanzengewebe an und saugen den austretenden Saft auf.

Vorbeugung

- Besonders wichtig ist ein Fruchtwechsel
- Übermäßige Stickstoffdüngung vermeiden
- Tagetes, Ölrettich, Ringelblume auf befallene Beete pflanzen
- Anbau widerstandsfähiger Sorten (z. B. bei Paradeisern/Tomaten)

Maßnahme der letzten Wahl

Im Erwerbsbau wird eine Bodendesinfektion mit Heißdampf durchgeführt. Sie ist nur sinnvoll, wenn ein wirklich massiver Befall des ganzen Erdreichs vorliegt. Der heiße Dampf tötet nämlich fast sämtliches Bodenleben.

Der besondere Tipp!

Es gibt auch sehr nützliche Nematoden – nämlich jene, die Schädlinge parasitieren. Solche nützlichen Nematoden können auch im Fachhandel gekauft werden. Als Beispiel wären hier Nematoden gegen den Dickmaulrüssler oder Gartenlaufkäfer zu erwähnen; sie parasitieren die Larven der Käfer im Boden.

Foto: GARTENLeben

Schadbild der Pfirsichkräuselkrankheit.

Pfirsichkräuselkrankheit (*Taphrina deformans*)

Schadbild

An den jungen Pfirsichblättern bilden sich während des Austriebs blasige Ausstülpungen. Das Gewebe an den gewölbten Kräuselungen verfärbt sich zuerst hellgrün und wird später rötlich. Schließlich vertrocknen die befallenen Blätter und fallen ab. Auch Nektarinen können befallen werden.

Auch Früchte beeinträchtigt

Bei starkem Befall bleiben die Früchte klein, werden braun und runzlig. Sie fallen schließlich ab. Im Winter ist die Kräuselkrankheit an den deformierten Jungtrieben zu erkennen.

Der Pilz überwintert in Rindenritzen und den Knospenschuppen. Die Infektion erfolgt im zeitigen Frühjahr (sobald die Temperatur über 10 Grad steigt). Die jungen Blätter werden also schon in den anschwellenden Knospen infiziert. Das kann in milden Regionen bereits im Januar der Fall sein. Der Ausbruch der Kräuselkrankheit ist stark von der Witterung abhängig. Herrscht beim Austrieb trockenes Wetter, tritt die Kräuselkrankheit kaum auf.

Vorbeugung

- Knoblauch und Kapuzinerkresse unter Pfirsichbäumen pflanzen
- Sonnige, windgeschützte Lagen wählen (eventuell als Spalier an der Hausmauer ziehen)
- Widerstandsfähigere Sorten pflanzen

Gegenmaßnahmen

- Erkrankte Blätter entfernen
- Im Winter Fruchtmumien und deformierte Triebe entfernen

Traditionelle Hausmittel

- Vorbeugende Behandlung mit Ackerschachtelhalm ab dem Knospenschwellen im zeitigen Frühjahr. Es kann damit auch schon im Februar begonnen werden. Wird morgens gespritzt, können die Triebe gut abtrocknen.
- Weidenrindenpräparate anwenden

Mittel der letzten Wahl

Kupferpräparate frühzeitig beim Knospenschwellen spritzen. Aufgrund der bodenschädigenden Wirkung (toxisch für einige Bodenorganismen, insbesondere Regenwürmer) sollte das Mittel nur in Ausnahmefällen eingesetzt werden. Eine Bodenabdeckung (Plane etc.) unter der zu behandelnden Kultur vermindert die Auswaschungen in den Boden.

Der besondere Tipp!

Weißfleischige Sorten sind meist weniger anfällig als gelbfleischige. Weniger anfällige Pfirsichsorten sind z. B. 'Amsden', 'Benedicte', 'Kernechter vom Vorgebirge', 'Rekord von Alfter', 'Revita'.

Pflaumensägewespe (*Hoplocampa* spp.)

Schadbild

Auf den noch jungen Früchten befindet sich seitlich ein Einbohrloch, das von den ausschlüpfenden Larven verursacht wird. Die weißlichen Larven fressen im Inneren der Frucht, wobei eine Larve bis zu 6 Früchte befallen kann. Nachdem die Larve die Pflaume verlassen hat, fallen die Früchte meist frühzeitig vom Baum.
Die befallenen Früchte, mit schwärzlichem Kot gefüllt, riechen unangenehm nach Wanzen.

Besondere Legesäge

Die Sägewespe selbst ist circa 4 bis 6 Millimeter groß und ein eher unscheinbares Insekt. Die Lebensdauer dieser Wespen beträgt etwa 8 bis 15 Tage.
Es treten 2 verwandte Arten auf, die gelbe und schwarze Pflaumensägewespe.
Mithilfe einer Legeapparatur legen die Wespen im April/Mai bis zu 60 Eier in die Blüten. Die Larven entwickeln sich dann in den heranwachsenden Früchten. Nach Beendigung der Fraßaktivität lassen sie sich zu Boden fallen und verpuppen sich dort. Im April des folgenden Frühjahrs schlüpft die nächste Generation aus dem Kokon.

Gut zu wissen

Früh und spät blühende Sorten werden weniger befallen.
Die Pflaumensägewespe tritt im Normalfall nicht regelmäßig auf.

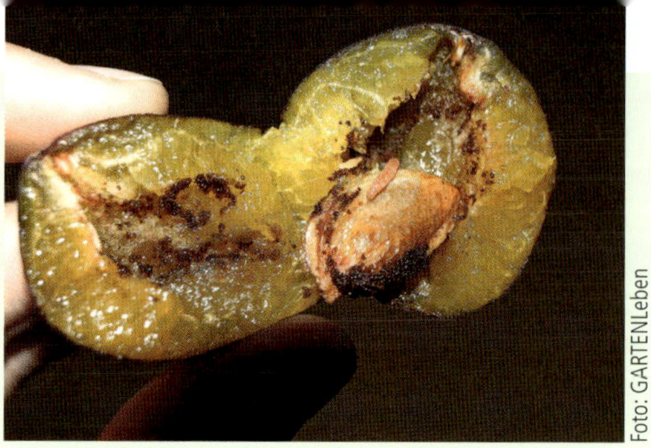
Foto: GARTENLeben

Pflaumenwickler.

Vorbeugung

Weiße Leimtafeln können einen Befall reduzieren. Sie werden eine Woche vor Blühbeginn beziehungsweise ab Blühbeginn bis zum Abfall der Blütenblätter angebracht.

Gegenmaßnahmen

Befallene Früchte regelmäßig vom Baum schütteln und entfernen, bevor die Larven diese noch verlassen können.

Traditionelle Hausmittel

Zur Geruchsverwirrung die Bäume nach dem Fall der Blütenblätter mit Rainfarn- oder Wermuttee besprühen.

Pflaumenwickler (*Grapholita funebrana*)

Schadbild

Die befallenen Früchte verfärben sich vorzeitig und fallen noch unreif ab. Das Einfraßloch ist mit einem durchsichtigen, harzähnlichen Tropfen verschlossen. Im Inneren der Frucht fressen sich die rötlich gefärbten Larven bis zum Stein durch. Die Fraßgänge und Hohlräume sind mit Kotkrümeln gefüllt. Befallen werden Zwetschgen, Pflaumen, Kriecherl, Mirabellen, aber auch Schlehen.

Schäden durch die zweite Generation

Die Flügelspannweite des Falters beträgt circa 15 Millimeter. Es gibt 2 Generationen. Die erste

Generation fliegt von Ende Mai bis Juni, die zweite von Juli bis August. Besonders an warmen Tagen in der Morgendämmerung sind die Falter vermehrt zu finden. Sie legen schließlich ihre Eier direkt an die Früchte ab. Den größeren Schaden richtet die zweite Generation an. Die Pflaumenwicklerlarven verpuppen sich in einem Gespinst in Rindenritzen und überwintern auch dort.

Vorbeugung

- Nützlinge wie Vögel und Ohrwürmer fördern
- Hühner in den Obstgarten lassen – sie picken die Larven auf
- Früh reifende Sorten sind weniger gefährdet.
- Im Spätherbst den Stamm abbürsten und mit Stammanstrich bestreichen
- Fanggürtel aus Wellkarton von Juli bis September an den Stämmen der Bäume anbringen. Regelmäßig auf Larven kontrollieren

Gegenmaßnahmen

- Fallobst regelmäßig entfernen
- Bäume schütteln und herabfallende befallene Früchte aufsammeln und entfernen
- Mitte Mai: Pflaumenwicklerfallen in die Baumkronen hängen (dienen hauptsächlich zur Flugüberwachung und zur Verminderung des Befalls)

Gut zu wissen

Der Pflaumenwickler ist, wie der Apfelwickler, ein häufiger Obstschädling. Daher ist eine Kombination aus mehreren Maßnahmen sinnvoll.

Ausstülpungen auf Weinblättern durch die Rebenpockenmilbe.

Rebenpockenmilbe (*Eriophyes vitis*)

Schadbild

An der Oberseite der Weinblätter sind ab dem späten Frühjahr pockenartige Ausstülpungen zu sehen. Diese verfärben sich im Lauf des Sommers rötlich. Der Befall beeinträchtigt die Qualität der Ernte kaum. Daher wird die Rebenpockenmilbe meist nicht bekämpft.

Gallmilbe verursacht Pocken

Auf der Blattunterseite, unter den Pocken, befinden sich weiße filzige Stellen, die sich später braun verfärben. Durch den gebildeten Filz sind die Milben gut vor ihren Feinden und vor Austrocknung geschützt. Bei starkem Befall treiben die Pflanzen verzögert und nur schlecht aus.
Die Gallmilbe ist etwa 0,15 Millimeter groß und mit bloßem Auge kaum zu sehen. Die Überwinterung erfolgt in den Knospenschuppen. So werden die Pflanzen schon beim Austrieb befallen.

Vorbeugung

Raubmilben, Florfliegen, Wanzen fördern

Gegenmaßnahmen

Raubmilben im Winter einsetzen

Mittel der letzten Wahl

Schwefelpräparate vor und kurz nach dem Austrieb spritzen. Aufgrund der nützlingsschädigenden Wirkung nur in Ausnahmefällen verwenden.

Foto: Hans Reinhard/OKAPIA

Larve der Rosenblattrollwespe.

Foto: Nigel Cattlin/Holt Studios/OKAPIA

Schadbild der Rosenblattrollwespe.

Rosenblattrollwespe (*Blennocampa pusilla*)

Einzelne Rosenblätter sind längs der Mittelrippe nach unten hin wie zu einer Zigarre zusammengerollt. In den Blattrollen entwickeln sich kleine weißliche Larven, die sich später grünlich verfärben.

Sicheres Nest für den Nachwuchs

Die erwachsene Rosenblattrollwespe ist schwarz gefärbt und etwa 3 bis 4 Millimeter lang. Ende April bis Anfang Juni legt sie ihre Eier am Rand von Rosenblättern ab. Nach der Eiablage sticht das Weibchen in der Nähe der Mittelrippe in das Rosenblatt ein. Dadurch rollt sich das Blatt vom Blattrand zur Mittelrippe hin nach unten ein. Die Eier entwickeln sich nun geschützt in der Blattrolle. Die Larven finden nach dem Schlüpfen genügend Nahrung, indem sie das Blattgewebe fressen. Im Juli wandern die Larven in den Boden, wo sie auch überwintern.

Vorbeugung

- Vögel und Schlupfwespen fördern
- Bodenbearbeitung im Herbst oder Frühjahr – dadurch wird ein Teil der überwinternden Larven abgetötet

Gegenmaßnahmen

Die wichtigste Maßnahme besteht im rechtzeitigen Absammeln der befallenen Blätter. Die darin befindlichen Eier und Larven zerdrücken.

Biokonforme Mittel (Wirkstoffe)

Bekämpfung mit Insektiziden meist nicht zielführend, da die Larven im eingerollten Blatt sehr gut geschützt sind.

Gut zu wissen

Nicht jede Blattrolle enthält eine Larve. Der Schaden an den Rosen ist meist begrenzt. Nur bei einem massiven Auftreten der Blattwespen sehen die Rosensträucher unansehnlich aus.

Foto: Dr. Heinrich Lösing

Die Larve des Rosentriebbohrers bei der Arbeit.

Rosentriebbohrer (*Blennocampa elongatula, Ardis brunniventris*)

Schadbild

Es bilden sich welke, stellenweise schwarze, trockene Triebspitzen an den Rosen. Außen ist ein Bohrloch erkennbar. Im Inneren des Triebes befinden sich weißliche Larven, die das Mark fressen. Dadurch wird das Wachstum der Rosen gestört.

Ein bisschen Verwirrung: Abwärtssteigender versus Aufwärtssteigender Rosentriebbohrer

Die Larven zweier verschiedener Blattwespenarten bohren sich in die Triebe der Rosen.

Beim **Abwärtssteigenden Rosentriebbohrer** kommt es zur Krümmung befallener Triebe. Durch die Zerstörung der Endtriebe entwickeln sich hier vermehrt Seitentriebe.

Wenn ie Pflanze vom **Aufwärtssteigenden Rosentriebbohrer** befallen wurde, dann sind mehrere Gänge zu finden. Ganze Triebe bis hin zur gesamten Pflanze können absterben.

Die Larven sind jeweils weißlich mit einem braunen Kopf. Auch die schwarzen Blattwespen beider Arten sind sich sehr ähnlich. Ihre Flugzeit ist von April bis in den Mai hinein. Abwärtssteigende Rosentriebbohrer legen ihre Eier in die jungen Endknospen. Aufwärtssteigende Rosentriebbohrer hingegen legen ihre Eier am Blattstielgrund ab, es bilden sich kleine Pusteln. Beide Larven überwintern im Boden.

Vorbeugung

- Nützlinge fördern
- Regelmäßige Kontrolle der Rosen

Gegenmaßnahmen

- Befallene Triebe rechtzeitig und mitsamt der Larven bis ins gesunde Holz zurückschneiden
- Ab Mai einen Draht in das Bohrloch führen, dadurch werden die Larven abgetötet

Gut zu wissen

Aufgrund der Lebensweise der Blattwespen im Stängel ist keine Bekämpfung mit Pflanzenschutzmitteln möglich.

Rostkrankheiten (*Uredinales*)

Schadbild

An der Blattunterseite verschiedener Wirtspflanzen tauchen punktförmige, rost- bis dunkelbraune Pusteln auf. Diese können sich bis hin zu größeren Ringen oder Flecken ausdehnen. Frischer Befall äußert sich auf der Blattoberseite durch gelbe Flecken, die sich bei anhaltendem Befall durch Absterben des Gewebes braun färben.

Sporenträger eines Rostpilzes

Die Pusteln sind die Sporenträger von Rostpilzen verschiedener Gattungen. Der Pilz entzieht den Zellen seiner Wirtspflanze mittels Saugfortsätzen Nährstoffe, was bei diesen zu einer Schwächung bis hin zum Absterben der Pflanze führt. Die Sporen können durch Insekten, Regen oder Wind verbreitet werden.

Einige Rostpilzarten wechseln den Wirt, wie z. B. im Fall des Birnengitterrosts, der als Zwischenwirt für die Überwinterung bestimmte Wacholderarten infiziert.

Vorbeugung

- Stickstoffüberdüngung vermeiden
- Mischkultur mit Lauchgewächsen, es können auch Zwiebeln oder Knoblauch zwischen Zierpflanzen oder unter Obst gepflanzt werden
- Bei der Sortenwahl auf die Pflanzung robuster Sorten achten
- Gezielt bewässern, um das Verbleiben überschüssiger Flüssigkeit auf Laubblattoberflächen zu vermeiden
- Regelmäßiger Einsatz pflanzenstärkender Brühen wie z.B. Ackerschachtelhalm

Foto: Floki/Shutterstock.com

Pelargoniengitterrost.

Gegenmaßnahmen

Entfernen betroffener Pflanzenteile.

Mittel letzter Wahl

Kupferpräparate spritzen. Aufgrund der bodenschädigenden Wirkung (toxisch für einige Bodenorganismen, insbesondere Regenwürmer) sollte das Mittel nur in Ausnahmefällen eingesetzt werden. Eine Bodenabdeckung (Plane, Vlies etc.) unter der zu behandelnden Kultur vermindert die Auswaschungen in den Boden.

Gut zu wissen

Verschiedene Pilzarten an verschiedenen Wirten

Die verschiedenen Rostpilzarten haben spezielle Wirtspflanzen: Bekannte Vertreter der Rostpilze sind der Rosenrost, der erwähnte Birnengitterrost, Malvenrost
und viele andere.

Rußtaupilzbefall.

Rußtaupilze (*Capnodiales*)

Schadbild

Die Pflanzen sind mit einem grau-schwarzen Pilzbelag überzogen. Es wirkt, als wären sie ein wenig „schmutzig".

Auf Honigtau angewiesen

Der Pilz bildet sich dort, wo Blattläuse, Schildläuse oder die Weiße Fliege Honigtau ausscheiden. Die saugenden Insekten scheiden den überschüssigen Zucker, den sie durch das Saugen der Pflanzensäfte aufnehmen, in Form von Honigtau wieder aus. Dieser legt sich als glänzend-klebriger Belag an Blättern und Trieben ab. In Verbindung mit hoher Luftfeuchtigkeit bildet sich schließlich auf dem Honigtau der Rußtaupilz. Er verwertet den Zucker, den die Insekten hinterlassen. Das Auftreten vom Rußtaupilz ist ein Indikator für das Vorhandensein von pflanzensaugenden Insekten.

Vorbeugung

- Regelmäßiges Abwaschen/Abwischen des Honigtaus von den Oberflächen der Pflanzen
- Klebrige Pflanzen mit einem Wasserstrahl abspritzen, damit sich der Rußtaupilz nicht ansiedeln kann
- Saugende Schädlinge bekämpfen

Gegenmaßnahmen

- Befallene Pflanzen mit Wasser abspritzen
- Von Rußtaupilz überzogenes Obst vor dem Verzehr gut waschen
- Freilandpflanzen brauchen prinzipiell keine spezielle Behandlung

Gut zu wissen

Der Rußtaupilz greift nicht das Blattwerk direkt an, er befindet sich ausschließlich auf der süßen Honigtauschicht. Der dunkle Belag kann jedoch wie eine Abdeckung wirken, die Assimilation der Pflanze wird dadurch vermindert. Der Rußtaupilz lässt sich allerdings gut abwaschen.

Foto: Markus Hagenlocher/Wikimedia Commons

Foto: Markus Hagenlocher/Wikimedia Commons

Scharka Blatt- und Fruchtsymptome.

Scharkakrankheit (*Plum pox potyvirus*)

Es handelt sich um eine Virenkrankheit an Steinobst; vor allem Zwetschgen, Pfirsiche, Nektarinen und Marillen werden befallen. Blattläuse übertragen durch ihre Saugtätigkeit die Viren.

Schadbild

Eine Infektion führt zu verschiedenen Symptomen, die je nach Sorte unterschiedlich stark ausgeprägt sein können.

An den Blättern zeigen sich ab Juni helle, verwaschene Ringe oder Flecken. Bei sehr starkem Befall kann es zu violetten Blattflecken kommen.

Je nach Obstart zeigen sich ab Juli an den Früchten unterschiedliche Symptome. Bei der Hauszwetschge bilden sich z. B. linienförmige bis rundliche Einbuchtungen. Bei anderen Sorten bilden sich rötliche Ringe, und das Fruchtfleisch unter den Befallsstellen ist ebenfalls rötlich gefärbt. Marillen weisen helle Ringe auf. Die befallenen Früchte fallen vorzeitig ab und sind ungenießbar.

Vorbeugung

- Blattlausbekämpfung (Überträger des Virus)
- Verwendung von toleranten beziehungsweise resistenten Sorten
- Gesundes Pflanzenmaterial verwenden (Edelreiser, Unterlagen)

Gegenmaßnahmen

Entfernung befallener Bäume.

Gut zu wissen

Die Krankheit unterliegt der Meldepflicht!

Foto: Gilles San Martin/Wikimedia Commons

Schildläuse.

Überfamilie der Schildläuse (Coccoidea)

Alle Familien der Schildlläuse haben ein Schutzschild, das jedoch recht unterschiedlich ausgebildet sein kann: Von rundlichen braunen Schildern über weiße wollartige Wachsfäden bis hin zu fein gemusterten Näpfen. Der Schaden entsteht durch die Saugtätigkeit der Läuse – die Pflanzen werden dadurch geschwächt.

Alle Schildläuse lassen sich jedoch mit den gleichen Methoden bekämpfen:

Vorbeugung

- Natürliche Feinde wie Schlupfwespen und Marienkäfer fördern
- Bei befallenen Zimmerpflanzen den Standort überprüfen
- Triebige Stickstoffdüngung vermeiden
- Bei Gehölzen die Rinde gut abbürsten und Stammanstrich im Herbst anbringen
- Wenn möglich befallene Pflanzen von gesunden trennen

Gegenmaßnahmen

- Befallene Blätter und Triebe abschneiden.
- Abbwischen bzw. Abbürsten der Läuse

Biokonforme Mittel (Wirkstoffe)

- Rapsöl- oder Paraffinpräparate spritzen
- Neem-(Azadirachtin-)Präparate

Schildläuse (*Coccidae*)

Schadbild

Schildläuse sitzen unter ihren braunen Höckern, den „Schutzschildern". Sie bilden meist Kolonien entlang der Blattadern oder an verholzten Trieben.

Saugende Schildläuse

Alle Schildlausarten ernähren sich von Pflanzensäften. Schildläuse scheiden Honigtau, eine klebrige Flüssigkeit, aus. Darauf siedeln sich oft schwarze Rußtaupilze an.

Zu den wichtigsten Arten gehören die Deckelschildlaus, die Napfschildlaus und die Kommaschildlaus mit ihrem schmalen Schild. Die ausgewachsenen Weibchen sind unbeweglich.

Wolllaus – Schmierlaus (*Pseudococcidae*)

Schadbild

An Blättern und Trieben befinden sich weiße, watteähnliche Schädlinge; oft sind ganze Pflanzenteile damit überzogen.

Der von den Läusen abgesonderte Honigtau ist an klebrigen Stellen auf den Pflanzen zu erkennen.

Weißer Wachsschutz

Die erwachsenen Tiere sind mit einem Wachssekret umgeben, das sie vor Fressfeinden schützen soll. Oft hat der Körper einen dornartigen Rand und besonders am Hinterende sind zum Teil lange Wachsfäden.

Die Wolllaus wird auch Schmierlaus genannt, weil sich die Wachsausscheidungen, mit denen sie umgeben ist, schmierig anfühlen.

Maulbeerschildlaus (*Pseudaulacaspis pentagona*)

Schadbild

Triebe und Stämme (selten auch Blätter) verschiedener Gehölze erscheinen auf den ersten Blick, als wären sie weiß angemalt worden. Bei genauerem Hinsehen sind die einzelnen Maulbeerschildläuse mit braunen Schildchen oder weißer Wachswolle erkennbar. Zu den Wirtspflanzen gehören, neben der namensgebenden Maulbeere, z.B. Pfirsich, Kirsche, Himbeere, Ahorn, Walnuss, Bartblume, Eiche, Esche, Flieder, Linde, Kiwi, Birne, Kirschlorbeer.

Weißer Belag aus vielen einzelnen Tieren

Bei Maulbeerschildläusen handelt es sich um Deckelschildläuse, die im 19. Jahrhundert über Pflanzenimporte nach Italien eingeschleppt wurden. Von dort aus war der „Schritt" nach Mitteleuropa nur eine Frage der Zeit.

Hortensienwollschildlaus (*Eupulvinaria hydrangeae;* Syn.: *Pulvinaria hydrangeae*)

Schadbild

Weiße Gebilde an den Blattunterseiten von Hortensien und auch anderen Gehölze wie z.B. Ahorn, Eibe und Hartriegel. Klebriger Honigtau wird ausgeschieden, auf dem sich Rußtaupilze ansiedeln können.

Große weiße Eisäcke

Hortensienwollschildläuse wurden in den 1960er-Jahren ungewollt durch Pflanzenimporte nach Europa eingeschleppt. Weibliche Schildläuse werden 3–4 mm lang und sind zumeist auf der Blattunterseite zu finden. Ab Juni kommt es zur Ausbildung eines auffällig großen Eisackes. Die weißen Wachswollausscheidungen erreichen eine Größe von bis zu 8 mm.

Die Weibchen sterben nach erfolgter Eiablage ab und hinterlassen in den Eisäcken einige Tausend Eier. Diese sollte rechtzeitig entfernt werden, bevor die Larven schlüpfen.

Gut zu wissen

Schildläuse können sich sehr rasch vermehren. Ein Weibchen kann, je nach Art, in einer Saison bis zu 1000 Eier ablegen. Die daraus schlüpfenden Larven sind noch beweglich und breiten sich so über die gesamte Pflanze aus. Häufig werden geschwächte und mit Stickstoff überdüngte Pflanzen befallen.

Foto: GARTENLeben

Nacktschnecke.

Foto: GARTENLeben

Schneckeneier.

Schnecken (*Gastropoda*)

Schadbild

Saftige Blätter und zarte Pflanzentriebe sind angeknabbert oder flächig abgefressen. Die Schnecken hinterlassen auf ihren Wegen silbrige Schleimspuren auf Pflanzenteilen und Boden.

Vielfalt mit wichtigen Aufgabenbereichen

Schäden werden nur von sehr wenigen Arten wie z. B. der Spanischen Wegschnecke oder der Genetzten Ackerschnecke verursacht.

Schnecken sind jedoch ihrerseits eine wichtige Nahrungsquelle für Säuger, Vögel, Insekten und andere wirbellose Tiere. Als Zersetzer pflanzlicher oder tierischer Abfälle nehmen Schnecken einen wichtigen Platz im Ökosystem ein.

Zwitter

Schnecken sind 2-geschlechtlich und können sich so gegenseitig befruchten. Die Eier werden in Gelegen in Erdritzen oder unter Steinen abgelegt. Nach wenigen Wochen schlüpfen die jungen Schnecken.

Schnecken fressen Schneckeneier

Wurmschnegel und Tigerschnegel haben auch Schneckeneier anderer Schneckenarten (z. B. Wegschnecken) auf ihrem Speiseplan.

Vorbeugung

- Nützlinge fördern: Igel, Amphibien, Blindschleichen, Spitzmäuse oder Laufkäfer
- Nur am Morgen und gezielt zu den Wurzeln gießen
- Mulchen mit trockenem Material wie Sägespänen, Hanfschäben, Flachsmulch oder Fichtennadeln

Gegenmaßnahmen

- Häufige Bodenbearbeitung, um versteckte Tiere und Eier aufzuspüren
- Schneckenzäune oder Schneckenkragen um gefährdete Bereiche und Pflanzen anbringen.
- Regelmäßiges Absammeln oder Aufstellen von Bierfallen in umgrenzten Bereichen
- Holzbretter auslegen und dort Schnecken regelmäßig tagsüber absammeln
- Haltung Indischer Laufenten für eingezäunte Gärten

Biokonforme Mittel (Wirkstoffe)

Präparate mit dem Wirkstoff Eisen-III-Phosphat (Achtung: tödlich für alle Schneckenarten!)

Gut zu wissen

Schnecken bestehen zu 85 bis 90 Prozent aus Wasser, haben keinen Verdunstungsschutz und brauchen daher eine feuchte Umgebung. Sie bewegen sich über einen abgesonderten Schleim. Sie meiden trockene Bereiche und auch die direkte Sonne. Sie verstecken sich tagsüber in dunklen, feuchten Unterschlüpfen und sind nur nachts oder bei Regen auf Nahrungssuche unterwegs.

Apfelschorf.

Schorf (*Venturia inaequalis*)

Schadbild

Die Pilzerkrankung Schorf tritt auf verschiedenen Pflanzen auf. Neben Apfel und Birne werden Feuerdorn, Pfirsich und Sauerkirsche befallen.

Apfel- und Birnenschorf

Schorf gehört zu den am häufigsten vorkommenden Pilzkrankheiten an Apfel- und Birnbäumen. An den Blättern bilden sich zuerst olivgrüne Flecken, die sich später dunkelbraun verfärben. Die braunen Stellen trocknen aus und es bilden sich Risse. Bei starkem Befall wird das Blattgewebe zerstört und das Blatt fällt schließlich ab. Die Früchte werden im Sommer befallen. Schorfige Früchte sind meist nicht sehr gut lagerfähig. Durch die Risse in der Haut können Fäulniserreger eindringen, die schließlich die Frucht zum Verfaulen bringen.

Vorbeugung

- Robuste Sorten pflanzen
- Falllaub von befallenen Bäumen im Herbst entfernen
- Kronen der Obstbäume auslichten, damit die Blätter rasch abtrocknen können

Gegenmaßnahmen

Kranke Blätter entfernen.

Traditionelle Hausmittel

- Alle frischen Austriebe regelmäßig mit Ackerschachtelhalmbrühe besprühen
- Backpulver (Seite 31)

Biokonforme Mittel (Wirkstoffe)

Kaliumhydrogencarbonat-Präparate spritzen

Mittel letzter Wahl

- Schwefelpräparate. (Sollten aufgrund ihrer nützlingsschädigenden Wirkung nur in Ausnahmefällen eingesetzt werden.)
- Kupferpräparate: Aufgrund der bodenschädigenden Wirkung (toxisch für einige Bodenorganismen, insbesondere Regenwürmer) sollte das Mittel nur in Ausnahmefällen eingesetzt werden. Eine Bodenabdeckung (Plane etc.) unter der zu behandelnden Kultur vermindert die Auswaschungen in den Boden.

Gut zu wissen

Schorf überwintert auf dem Falllaub am Boden, aber auch an infizierten Jungtrieben. Die Infektion der Blätter erfolgt im Frühling, vornehmlich bei feuchtem Wetter.

Foto: Nigel Cattlin/Holt Studios/OKAPIA

Schrotschusskrankheit.

Schrotschusskrankheit (*Stigmina carpophila*)

Schadbild

Die Schrotschusskrankheit ist eine Pilzkrankheit an Steinobst, vor allem Kirsche und Pfirsich. Aber auch andere Arten wie Zierkirsche oder Kirschlorbeer können befallen werden. Im Frühjahr bilden sich karminrote und dunkelrot umrandete Flecken an den Blättern. Das Innere dieser Flecken vertrocknet und fällt schließlich heraus – die Blätter erscheinen regelrecht durchlöchert.

Bei einem starken Befall fallen die Blätter vorzeitig ab. Der Baum verkahlt nur im inneren Kronenbereich.

Neben den Blättern können auch Triebe, Knospen und Früchte befallen werden. Anfangs bilden sich bei Letzteren schwarze, leicht eingesunkene Flecken mit roter Umrandung. Anschließend kümmern die Früchte, vertrocknen und fallen ab.

Feuchtwarmes Wetter tut ihm gut

Der Pilz vermehrt sich im Frühjahr bei feuchtwarmer Witterung. Daher sind Bäume in niederschlagsreichen Gegenden eher gefährdet. Der Pilz kann sich nur bis Ende Juni ausbreiten, da aufgrund einer Altersresistenz die Blätter ab etwa Anfang Juli nicht mehr befallen werden können.

Vorbeugung

- Das Auslichten der Pflanzen fördert das Abtrocknen der Blätter
- Keine überhöhten Stickstoffgaben
- Im Herbst das Falllaub und Fruchtmumien vom Baum entfernen

Gegenmaßnahmen

Die abfallenden Blätter und Früchte regelmäßig entfernen und vernichten.

Traditionelle Hausmittel

Die frischen Austriebe regelmäßig mit Ackerschachtelhalmbrühe besprühen.

Mittel letzter Wahl

- Schwefelpräparate. (Sollten aufgrund ihrer nützlingsschädigenden Wirkung nur in Ausnahmefällen eingesetzt werden)
- Kupferpräparate: Aufgrund der bodenschädigenden Wirkung (toxisch für einige Bodenorganismen, insbesondere Regenwürmer) sollte das Mittel nur in Ausnahmefällen eingesetzt werden. Eine Bodenabdeckung (Plane etc.) unter der zu behandelnden Kultur vermindert die Auswaschungen in den Boden.

Gut zu wissen

Die Blätter sehen aus, als seien sie mit Schrotkugeln durchschossen worde. Die Löcher sind jedoch ein Abwehrmechanismus der Pflanze: Nach dem Befall werden die betroffenen Blattbereiche „abgestoßen“, um die Krankheit einzugrenzen.

Foto: Michael Z./Wikimedia Commons

Schadbild durch Spinnmilben.

Spinnmilben (*Tetranychidae*)

Schadbild

Die ersten Anzeichen sind weißliche oder gelbliche punktförmige Aufhellungen. Bei starkem Befall erscheint das Blatt getüpfelt. In feinen Gespinsten, die zumeist auf Blattunterseiten zu finden sind, leben die Tiere geschützt und gesellig in großer Anzahl. Betroffene Pflanzen zeigen einen kümmerlichen Wuchs und die Früchte reifen nicht vollständig aus.

„Rote Spinne"

Viele verschiedene Arten treten an unterschiedlichen Zier- und Kulturpflanzen in Erscheinung. Stellvertretend sollen hier 2 der im Gartenbereich häufigsten Arten beschrieben werden. Aufgrund ihrer Körperfarbe (zu gewissen Jahreszeiten) werden sie auch „Rote Spinne" genannt.

Gemeine Spinnmilbe

Es werden hauptsächlich Stein- und Kernobst, aber auch Gemüsekulturen, Rosen, Erdbeeren und Weinreben befallen. Weibliche Tiere verbringen den Winter an geschützten Stellen unter abgefallenen Blättern oder in Rindenritzen. Die Tiere sind deutlich rot gefärbt. Ab März wandern sie zu frischen Blättern, um ihre Eier abzulegen.

Obstbaumspinnmilbe

An Zwetschge, Apfel und Johannisbeere. Die Wintereier der Tiere sind an Trieben, häufig nah der Knospen, zu finden. Es können 4 bis 5 Generationen innerhalb einer Vegetationsperiode entstehen.

Vorbeugung

- Nützlinge fördern (Raubmilben, Raubwanzen, Florfliegenlarven, Spinnen, räuberische Käfer)
- Bei Zimmerpflanzen oder im Gewächshaus die Luftfeuchtigkeit erhöhen beziehungsweise die Blätter mit Wasser übersprühen
- Überdüngung vermeiden
- Auf den richtigen Standort achten
- Bodenfeuchtigkeit mit Mulchen erhöhen

Gegenmaßnahmen

- Blätter mit Wasser übersprühen
- Stark befallene Blätter abschneiden
- Nützlingseinsatz: Raubmilben, Florfliegen

Traditionelle Hausmittel

- Brennnessel: kalter Auszug
- Ackerschachtelhalmbrühe: Alle frischen Austriebe regelmäßig spritzen
- Knoblauchtee

Biokonforme Mittel (Wirkstoffe)

- Neem-(Azadirachtin-)Präparate spritzen
- Kaliseifenpräparate spritzen
- Rapsöl- und Paraffinölpräparate spritzen

Gut zu wissen

Spinnmilben benötigen trockene und warme Bedingungen für die rasche Generationsfolge.

Sternrußtau (*Diplocarbon rosae*)

Schadbild

Der Sternrußtau ist ein weitverbreiteter Schadpilz an Rosen, wobei die Anfälligkeit je nach Sorte sehr unterschiedlich sein kann.

Auf der Blattoberseite bilden sich runde braun- bis violettschwarze Flecken, die an den Rändern strahlenförmig auslaufen. Die Blätter vergilben und fallen schließlich ab, sodass bei stärkerem Befall die Rosen oftmals noch vor dem Herbst entblättert sind.

Lebensweise

Die Überwinterung des Pilzes erfolgt hauptsächlich im Falllaub. Durch Regen oder Wasserspritzer können im darauffolgenden Frühjahr die Sporen wieder an die unteren Blätter gelangen. Daher werden die bodennahen Blätter zuerst befallen.

Feuchte und warme Witterung fördert das Wachstum des Pilzes. Verlaufen Frühling und Sommer relativ trocken, tritt ein Schaden meist erst im Spätsommer auf.

Vorbeugung

- Resistente oder widerstandsfähigere Sorten verwenden
- Bei der Pflanzung sonnige, gut durchlüftete und trockene Standorte wählen und die Pflanzen nicht zu dicht setzen
- Den Boden oberflächlich lockern und mulchen
- Abgefallene Blätter, vor allem im Herbst das Falllaub, entfernen
- Auf eine ausgewogene organische Nährstoffversorgung achten
- Steinmehl über die Blätter stäuben

Foto: Nigel Cattlin/Holt Studios/OKAPIA

Sternrußtau an Rosen.

Gegenmaßnahmen

Befallene Blätter regelmäßig entfernen.

Traditionelle Hausmittel

- Ab Knospenschwellen regelmäßig alle neuen Austriebe mit Ackerschachtelhalmbrühe behandeln
- Pflanzen mit Komposttee stärken – diesen auch auf die Blätter sprühen

Der besondere Tipp!

Die Pflanzen am besten morgens gießen und dabei die Blätter nicht von oben benetzen. Eine feuchte Umgebung fördert das Ausbreiten dieser Pilzkrankheit.
Bei einem starken Befall ist eine schlechte Frostresistenz die Folge.

Foto: Rasbak/Wikimedia Commons

Stippe bei der Apfelsorte 'Summerred'.

Stippe/Stippigkeit des Apfels

Schadbild

Die Fruchthaut von Äpfeln zeigt einige Millimeter große dunkelgrüne bis braune Einbuchtungen. Das Fruchtfleisch ist im Bereich knapp unter der Schale mit braunen Flecken (Stippennekrosen) oder Arealen durchzogen. Bei starker Ausprägung kann ein bitterer Geschmack wahrgenommen werden.

Keine Krankheit, sondern eine physiologische Störung

Die Ursache für dieses auffällige Erscheinungsbild ist ein gestörtes Nährstoffverhältnis der Nährstoffe Kalium, Magnesium und Kalzium im Baum und im Apfel. Der Kalziumtransport in der Frucht ist dabei gestört, die Folge ist Kalziummangel.

Vor allem zu Beginn des Wachstums der Äpfel wird die Hauptmenge an Kalzium aufgenommen. Der Kalziumgehalt nimmt mit der Fruchtentwicklung laufend ab, während der Gehalt an Kalium und Magnesium ansteigt.

Manche Apfelsorten sind besonders anfällig: 'Boskoop', 'Glockenapfel', 'Braeburn', 'Cox Orange', 'Maigold', 'Gravensteiner'.
Früchte von schwach tragenden Bäumen sind eher betroffen.

Die Ursachen dieser Stoffwechselerscheinung

- Zu starke Stickstoffdüngung oder Stickstoffgaben zu einem zu späten Zeitpunkt
- Zu hoher Kaliumgehalt im Boden
- Eine geringe Humusschicht
- Nur wenige, aber dafür recht große Früchte werden ausgebildet
- Vor der Ernte stärkere Schwankungen der Temperatur und Bodenfeuchtigkeit

Vorbeugung

- Richtige Sortenwahl und auch keine starkwüchsigen Unterlagen wählen
- Zurückhaltende und ausgeglichene Versorgung (mit organischem Dünger)
- Für gleichmäßige Wasserzufuhr sorgen
- Die Humusbildung z. B. durch Gründüngung unterstützen
- Erntezeitpunkt (sorten- und witterungsbedingt) exakt wählen
- Früchte nach der Ernte abkühlen lassen und erst danach einlagern

Direkte Maßnahmen

Ab Juli Spritzungen mit Kalzium Blattdüngern durchführen – die Früchte müssen gut damit benetzt werden.

Der besondere Tipp!

Zur Vermeidung der Stippe sollte durch regelmäßige und fachgerechte Schnittmaßnahmen für einen lockeren Kronenaufbau und für ein Gleichgewicht zwischen Triebwachstum und Fruchtausbildung gesorgt werden.

Foto: PaulT/Wikimedia Commons

Thripse und deren Larven.

Thripse (*Thysanoptera*)

Schadbild

An verschiedensten Kultur- und Zierpflanzen finden sich Sprenkelungen, weißliche oder gelbliche Flecken oder etwas flächigere, teilweise silbrig schimmernde Areale. Bei genauem Hinsehen sind die winzigen, meist gruppenweise auftretenden länglichen Thripse und deren Larven erkennbar.

Thripse werden auch Blasenfüße genannt

Thripse zählen zu den Fransenflüglern. Verschiedenste Arten sind in unseren Breiten anzutreffen. Die langgestreckten und geflügelten Tiere werden nur circa einen Millimeter lang. Ebenso vielfältig sind deren Wirtspflanzen. Vor allem an Erbsen, Zwiebeln und Lauch sind sie anzutreffen, seltener an Gurken, Paradeisern/Tomaten und Kohlarten. Auch bei Obstgehölzen und diversen Zierpflanzen wie Gladiolen und Rosen kann ein Befall beobachtet werden. Thripse kommen in Gewächshäusern und im Freien vor, sind aber auch typische Zimmerpflanzenschädlinge.

Saugtätigkeit an Blattunterseite

Thripse und deren ungeflügelte Larven halten sich bevorzugt an den Blattunterseiten auf. Bei Blütenpflanzen können auch Tiere in den Blüten zu finden sein. Mithilfe ihrer stechenden Mundwerkzeuge saugen Thripse den Zellinhalt der obersten Blattschichten aus. Der silbrige Glanz entsteht dabei durch das Eindringen von Luft in die ausgesaugten Zellareale.

Vorbeugung

- Standort der Pflanzen nicht zu trocken und zu warm wählen – Gewächshäuser und Treibbeete regelmäßig lüften
- Erbsen und Zwiebeln früh ansäen und Jungpflanzen zeitig setzen

Gegenmaßnahmen

- Kübel- oder Zimmerpflanzen mit Wasser abbrausen
- Gezielt die Blattunterseiten abspritzen
- Rückschnitt stark befallener Pflanzenteile
- Blaue Leimtafeln in Innenräumen oder Gewächshäusern anbringen

Biokonforme Mittel (Wirkstoffe)/Nützlinge im Handel

- Neem-(Azadirachtin-)Präparate spritzen
- Kaliseifenpräparate spritzen
- Diverse Raubmilbenarten, Florfliegen oder Nematoden der Art *Steinernema feltiae.*

Gut zu wissen

Thripse entwickeln sich bei trockenen und warmen Witterungsbedingungen besonders gut. Dann kann die Entwicklung vom Eistadium bis zum ausgewachsenen Insekt nur 20 bis 30 Tage dauern. Daher ist im Sommer mit der größten Befallsstärke zu rechnen.

Foto: Dr. Heinrich Lösing

Die Larve der Thujaminiermotte.

Thujaminiermotte (*Argyresthia thuiella*)

Schadbild

An Thujen, Zedern und Scheinzypressen verfärben sich die Triebspitzen zuerst gelb und werden dann bräunlich. Schlussendlich werden sie dürr und fallen ab. Die Miniergänge der Larven sind bis zu 5 Zentimeter lang und gehen von der Spitze an abwärts. Die Triebspitzen sind ausgehöhlt; in diesen sitzt eine etwa 3 Millimeter große grünliche Raupe. Im Gegenlicht sind ihre mit Kot gefüllten Gänge und ein kleines Bohrloch erkennbar.

Die Motte kam mit den Thujen

Die aus Nordamerika stammende, in den 1970er-Jahren eingeschleppte Motte ist mit ausgebreiteten Flügeln bis zu 8 Millimeter groß. Sie ist weißgräulich/gelblich gefärbt und hat dunkle Sprenkel. Sie legt ihre Eier von Juni bis August zwischen die Blattschuppen der Pflanzen. Die geschlüpften Larven bohren sich dann Ende August in den Trieb und fressen im Inneren.

Vorbeugung

- Nützlinge fördern: Vögel, Spinnen
- Jährlicher Heckenschnitt

Gegenmaßnahmen

Zurückschneiden bis ins gesunde Holz und Entfernen befallener Triebe.

Nützlinge im Handel

- *Bacillus thuringiensis*-Präparate gegen die Larven spritzen
- Nematoden (*Steinernema feltiae*) einsetzen

Der besondere Tipp!

Ein rechtzeitiger Heckenschnitt, bevor die Motte schlüpft (also vor Anfang Juni), verhindert eine weitere Generation. Besonders gefährdet sind *Thuja occidentalis* und die Scheinzypressen Sorten *Chamaecyparis lawsoniana* 'Alumii' und 'Columnaris'.

Tomatenminiermotte (*Tuta absoluta*)

Schadbild

Durch den Minierfraß der Larven entstehen zuerst helle Fraßstellen innerhalb der Blätter von Paradeisern/Tomaten. Durch das Gegenlicht betrachtet, sind die Miniergänge durchscheinend und fleckenförmig über das Blatt verteilt. Später können auch Triebe und Früchte befallen werden. Verletzte Früchte können sich in weiterer Folge durch Pilze und Bakterien infizieren.

Nicht im Freiland etabliert, aber Zuflug möglich

Im ursprünglichen Verbreitungsgebiet in Südamerika ist dieser Kleinschmetterling ein bedeutender Schädling in Paradeiser-/Tomatenkulturen, durch den weltweiten Handel hat er es auch bis in unsere Breiten geschafft.

Den Winter kann der Schädling hier nur in Gewächshäusern überleben, daher ist mit einem Befall nur in der Nähe von im lokalen Umfeld um gewerblichen Gewächshäusern oder durch gekaufte Paradeiser-/Tomatenfrüchte zu rechnen.

Rascher Entwicklungszyklus, wenn die Temperatur passt

Die unscheinbaren, graubräunlichen Motten werden bis zu 8 Millimetern lang; sie sind nachtaktiv. Ihre Eier werden auf die Wirtspflanzen abgelegt. Schon einige Tage später schlüpfen die Larven, die sich nach 2 Wochen Fraßtätigkeit direkt in den Fraßgängen, auf der Pflanze oder im Boden verpuppen. Durch die sehr schnellen Entwicklungszyklen sind je nach Temperatur 10 bis 12 Generationen pro Jahr möglich.

Foto: Nige Cattlin/Holt Studios/OKAPIA

Larve der Tomatenminiermotte im Miniergang.

Vorbeugung

- Beim Kauf von Paradeisern/Tomaten auf verdächtige Bohrlöcher in der Fruchthaut achten
- Vögel, Insekten, Spinnen fördern
- Eingänge von Glashäusern oder Pflanzen selbst mit Insektenschutznetzen abdecken

Gegenmaßnahmen

Befallene Pflanzenteile frühzeitig entfernen (jedoch nicht auf den Komposthaufen, da hier eine Weiterentwicklung möglich ist).

Biokonforme Mittel (Wirkstoffe)/Nützlinge im Handel

- Nematoden der Art *Steinernema feltiae* über betroffene Kulturen spritzen
- Neem-(Azadirachtin-)Präparate

Gut zu wissen

Neben Paradeisern/Tomaten werden teilweise auch andere Wild- und Kulturpflanzen aus der Familie der Nachtschattengewächse als Futterpflanzen genutzt. Bei Erdäpfeln/Kartoffeln wird ausschließlich das oberirdische Kraut befallen, die Knollen selbst bleiben befallsfrei.

Foto: Nigel Cattlin/Holt Studios/OKAPIA

Larven der Trauermücke in einer befallenen Zwiebel.

Trauermücken (*Sciaridae*)

Schadbild

Lästige kleine schwarze Mücken umschwirren die Pflanztöpfe von Zimmer- oder Kübelpflanzen. Die Pflanzen selbst kümmern durch die Fraßtätigkeit der Larven in der Erde.

Unermüdlich auf der Suche nach geeigneten Eiablagemöglichkeiten

Die nur 2 bis 5 Millimeter großen schwarzen Mücken leben nur etwa 5 Tage. In dieser Zeit können weibliche Tiere allerdings 100 bis 200 Eier produzieren und diese direkt in feuchte Erde ablegen.

Der Schlupf der weißlichen beinlosen Larven aus den Eiern erfolgt innerhalb einer Woche. Sie ernähren sich sowohl von toter organischer Substanz als auch von Wurzeln im Boden und können daher vor allem für Jungpflanzen, Stecklinge und frische Wurzeln älterer Pflanzen schädlich werden. Auch Fraßschäden an und in Stängeln sind möglich.

Vorbeugung

- Ständig feuchte Erde schafft ideale Bedingungen für die Trauermücken. Daher (wenn möglich) erst gießen, wenn die Erde schon abgetrocknet ist
- Oberste Erdschicht etwas lockern
- Gekaufte Erde auf einen möglichen Befall hin kontrollieren (z. B. Sack öffnen und für einige Tage bis zu einer Woche in einem separaten Raum stehen lassen)
- Anzuchterden selbst zusammenmischen
- Torfhaltige Substrate meiden

Gegenmaßnahmen

- Erde weitestgehend austrocknen lassen (soweit für die jeweilige Pflanze noch erträglich), nur feuchte Substrate werden für die Eiablage aufgesucht
- Erde oberflächlich mit einer Sandschicht (z. B. Quarz- oder Ziersand) bedecken, um die Eiablage zu behindern
- Regelmäßig mit dem Staubsauger Mücken rund um die Töpfe absaugen
- Gelbtafeln, -stecker zum Mückenfang in die Erde stecken

Biokonforme Mittel (Wirkstoffe)

- Nematoden (*Steinernema feltiae*) gegen die Larven im Boden ausgießen
- Neem-(Azadirachtin-)Präparate gegen Larven

Gut zu wissen

Ausgewachsene Tiere sind nur als Lästlinge einzustufen, da sie in Schwärmen um die Topfpflanzen fliegen. Nur deren Larven im Boden müssen als Pflanzenschädlinge gesehen werden.

Foto: Walpole/Wikimedia Commons

Larven der Walnussfruchtfliege.

Walnussfruchtfliege (*Rhagoletis completa*)

Schadbild

Die Maden der Walnussfruchtfliege fressen die äußere Fruchtschale der Walnüsse. Die Fruchtschale wird dadurch weich, schwarz und schleimig. Nur bei sehr starkem Befall kann auch die Nussschale schwarz und unansehnlich und somit manchmal auch die eigentliche Nuss beeinträchtigt werden. Wird die weiche Schale um die Nuss entfernt, finden sich hier die hellen Maden, sofern diese sich nicht schon zu Boden fallen gelassen haben. Im Boden vergraben, verpuppen sie sich und überwintern. Ende Juni schlüpfen dann die Fliegen und legen ihre Eier erneut in die grüne Fruchtschale der Walnüsse.

Nüsse mögen viele gern …

Eine Verwechslungsmöglichkeit besteht mit den Larven des Apfelwicklers, der in seltenen Fällen auch seine Eier in Walnüsse legt. Er hinterlässt aber Kot im Inneren.

Ähnliche Symptome, wie die schwarzen Fruchtschalen, zeigen aber auch Krankheiten wie der Marssonina-Blattfleckenpilz oder der bakterielle Walnussbrand.

Vorbeugung

Einsammeln und Entfernen befallener Früchte so früh wie möglich. Damit verhindern Sie die Verpuppung der Larven im Boden.

Gegenmaßnahmen

- Gelbtafeln aufhängen zur Hauptflugzeit im August verringert den Befall
- Boden unter dem Baum abdecken (an 2 Terminen):
  1. Ende Juni: behindert die schlüpfenden Fliegen
  2. Vor dem Fruchtfall: verhindert das Eindringen der Maden in den Boden

Gut zu wissen

Die Nuss ist trotz eines Befalls mit der Wallnussfruchtfliege essbar. Die Früchte können getrocknet und die Schale, wenn nötig, entfernt werden.

Foto: NothinToSeeHere/Wikimedia

Raupe des Weidenbohrers in Fraßgang.

Weidenbohrer (*Cossus cossus*)

Schadbild

Es befinden sich bleistiftdicke Löcher am Stamm, aus denen meist Bohrmehl und Kot austritt.

Die Fraßgänge haben einen ovalen Querschnitt. Durch den Fraß im Inneren ist das Wachstum der Bäume gehemmt. Manche Pflanzen sterben sogar ganz ab.

Mahlzeit

Die Raupen fressen gern das Holz von Weiden und Pappeln, aber auch Obstbäume werden befallen. Der relativ große Falter, zu dem die Raupe sich später entwickelt, ist eher unauffällig braun mit schwarz gestreiften Vorderflügeln.

Die unscheinbaren Schmetterlinge fliegen in den Sommernächten von Juni bis Juli und legen ihre Eier in Rindenritzen des unteren Stammbereichs ab. Die Raupen sind im Gegensatz zum Falter sehr auffällig. Die bis zu 10 Zentimeter langen und relativ dicken Gesellen sind zunächst fleischfarben, später verfärben sie sich gelblich rot.

Vorbeugung

Kontrollieren Sie beim Kauf schon in der Baumschule die Bäume auf einen Befall.

Gegenmaßnahmen

- Bei leichtem Befall Raupen mit einem hakenförmigen Draht aus ihren Löchern ziehen
- Juni und Juli: Fangen der Falter, die am unteren Stammteil sitzen
- Bei einem starken Befall müssen die Bäume gefällt und das Schnittgut entfernt werden!

Gut zu wissen

Es gibt 2 Erkennungsmerkmale eines Weidenbohrerbefalls:

1. der starke Holzessiggeruch.
2. Kot und Bohrmehl – die Larven befördern diese durch die Löcher nach außen.

Foto: K.Kucharska/Shutterstock.com

Weiße Fliegen auf der Blattunterseite.

Weiße Fliege/Mottenschildlaus (*Trialeurodes vaporariorum*)

Schadbild

An der Blattunterseite der befallenen Pflanzen sitzen gruppenweise die etwa 1,5 Millimeter langen weißen Insekten. Im Gegensatz zu den ihnen verwandten Schildläusen können die Mottenschildläuse fliegen. Bei Berührung der Pflanze fliegen sie scharenweise sofort auf und können dadurch leicht erkannt werden.

Merkmale zur sicheren Erkennung

Zusätzlich zu den weißen Insekten sind meist auf der Blattunterseite die grünlichen schildlausähnlichen Larven zu finden. Befallene Blätter verfärben sich gelb und können absterben. Oft siedeln sich auf den Honigtauausscheidungen der Insekten schwarze Rußtaupilze an.

Die Weiße Fliege hat sehr kurze Entwicklungszeiten von 4 bis 6 Wochen und kann dabei Hunderte Nachkommen produzieren.

Besonders gern werden folgende Pflanzen befallen: Kohlgewächse, Paradeiser/Tomaten, Paprika, Melanzani, Bohnen, Fuchsien, Wandelröschen, Engelstrompete und Pelargonien.

Vorbeugung

- Gewächshäuser und Wintergärten gut lüften
- Natürliche Feinde, wie Schlupfwespen, fördern
- Überwachung und Befallsreduktion mit gelben Leimtafeln durchführen
- Ernterückstände vom Beet entfernen (Kohlstrünke)

Gegenmaßnahmen

- Blätter befallener Pflanzen mit Urgesteinsmehl bestäuben
- Schon beim ersten Befall frühzeitig bekämpfen
- Schlupfwespe (*Encarsia formosa*) als Nützling in Gewächshäusern und Wintergärten einsetzen
- Befallene Blätter entfernen (vor allem Blätter mit Larven und Eiern)

Biokonforme Mittel (Wirkstoffe)

- Neem-(Azadirachtin-)Präparate
- Kaliseifenpräparate
- Rapsölpräparate

Gut zu wissen

Bei idealen Bedingungen kann sich die Weiße Fliege massenhaft vermehren: Warmes und trockenes Klima begünstigt die Entwicklung. Daher kommen die Schädlinge häufig in Gewächshäusern oder Wintergärten vor.

Foto: Mario Hagen/Fotolia.com

Wühlmaus.

Wühlmaus – „Schermaus“ (*Arvicola terrestris*)

Schadbild

Die Pflanzen kränkeln und sterben ab. Manche lassen sich einfach aus der Erde ziehen, da sie durch den Wurzelfraß kaum noch im Boden verankert sind. Kleine Pflänzchen „verschwinden“ manchmal auch in der Erde. Gefressen wird z. B. an den Wurzeln von Obstbäumen, Salat und Wurzelgemüse, Blumenzwiebeln.

Die 10 bis 20 Zentimeter großen Tiere haben ein rotbraunes bis graues Fell, eine stumpfe Schnauze und kurze Ohren. Sie sind ganzjährig aktiv. Ihr weitreichendes Gangsystem durchzieht oberflächlich den Boden. Wühlmäuse können sich stark vermehren, da die Weibchen bis zu 4-mal im Jahr Junge werfen. Alle paar Jahre kann es zu Massenvermehrungen kommen.

Unterscheidung zum Maulwurf

Da es sich beim Maulwurf um einen Nützling handelt, ist eine Unterscheidung zur Wühlmaus wichtig. Wühlmaushügel sind flacher als die von Maulwürfen und unregelmäßig verteilt. Die Erde liegt neben dem Loch. In den Gängen sind keine Wurzeln zu finden, da sie diese ja fressen.

Vorbeugung

- Mauswiesel, Marder, Greifvögel, Maulwürfe fördern. (Auch Katzen helfen)
- Sitzstangen für Greifvögel anbringen
- Geruchsbelästigung: Holunderblätterjauche, Fischreste, Zitronenschalen, Menschen-, Tierhaare, in Lavendel- od. Zitronenöl getränkte Wattekugeln, regelmäßig in die Gänge geben
- Geräusche: Eisenstangen einschlagen und über einen längeren Zeitraum kräftig mit einer anderen Stange oder einem Hammer dagegenklopfen. Wichtig ist, dass die Geräusche unregelmäßig erfolgen, sonst gewöhnen sich die Tiere daran.
- Topinambur als Lockpflanze anbauen, um sie vom Gemüse abzulenken. Achtung: Lockt evtl. weitere Wühlmäuse in den Garten.
- Wurzelschutz: Beim Setzen von Obstbäumen die Wurzeln mit einem Drahtnetz umgeben

Traditionelle Hausmittel

Holunderblattjauche regelmäßig in die Gänge gießen.

Gegenmaßnahmen

- Wühlmausfallen
- Vergrämungsmittel: Repellents auf Pflanzenölbasis

Der besondere Tipp!

Bei einem starken Vorkommen helfen Wühlmausfallen. Diese nur mit Handschuhen anfassen oder mit Erde abreiben. Sobald die Tiere menschlichen Geruch wahrnehmen, meiden sie die Fallen. Die Fallen müssen weit in den Gang gesteckt werden. Die Tiere sollten kein Licht von draußen wahrnehmen, sonst wittern sie die Gefahr.

Wurzelläuse (z.B. *Pemphigus*-Arten)

Schadbild

Bei Wurzelläusen handelt es sich je nach Art um Schild- oder Blattläuse.

Diverse Zierpflanzen, aber auch Kulturpflanzen wie z. B. Petersilie, Karotten, Salat und Bohnen können betroffen sein. Der Befall äußert sich durch Vergilbung, Wachstums-beeinträchtigungen (wie schlechte Kopfbildung bei Salaten), Kümmerwuchs oder Welkeerscheinungen.

Wird der Wurzelballen freigelegt, erscheinen die Wurzeln wie gepudert, da die Tiere teilweise mit weißlichen Wachsfäden besetzt sind.

Zwei häufig vorkommende Arten im Porträt

Die Salatwurzellaus durchläuft einen Wirtswechsel: Den Herbst bis zum Frühling verbringt die Art auf Pappeln. Im Frühsommer begeben sich geflügelte Stadien zu Korbblütlern (Salat gehört dazu) und verschiedenen Wildkräutern wie Gänsedistel und Löwenzahn und saugen dort an den Wurzeln.

Geflügelte Stadien der **Möhrenwurzellaus** suchen im Herbst den Weißdorn zur Eiablage auf. Nach dem Schlupf im Frühling nehmen die Tiere die Saugtätigkeit an den Blättern des Weißdorn auf, worauf dunkelrote Aufwölbungen an den Blattoberseiten entstehen können.

Den Sommer verbringen sie dann an Doldenblütlern, vor allem an Karotten, Petersilie und Sellerie.

Vorbeugung

- Nützlinge im Garten fördern, wie z. B. Laufkäfer, Raubwanzen und Spinnen

Foto: Rasbak/Wikimedia Commons

Wurzelläuse.

- Fruchtwechsel einhalten
- Anhäufeln von Jungpflanzen in der Zeit des Zuflugs von Juni bis Juli
- Häufige und gute Bodenbearbeitung
- Auf widerstandsfähige Salatsorten (z. B. 'Avondefiance') zurückgreifen
- Den Fuß der Pflanzen häufig und gezielt mit viel Wasser gießen, denn Wurzelläuse bevorzugen eher trockene, warme Bedingungen

Gegenmaßnahmen

- Die Pflanzen mit Insektenschutznetzen abdecken (in der Flugzeit ab Juni bis Juli)
- Beim Umtopfen die Wurzeln baden

Traditionelle Hausmittel

- Vorbeugend mit stark riechenden Kräuterzusätzen, z. B. Rainfarnbrühe, gießen
- Bei Befall: Wurzelbereich freilegen und Wurzeln mit Rainfarnbrühe benetzen

Gut zu wissen

Die Läuse saugen direkt an den Wurzeln und scheiden dabei klebrigen Honigtau aus. Oft geht damit eine Besiedelung mit Ameisen im Wurzelbereich einher (z. B. Rote Wiesenameise).

Register

Haftungsausschluss

Autorin und Verlag haben den Inhalt dieses Buches mit großer Sorgfalt und nach besten Wissen und Gewissen zusammengestellt. Für eventuelle Schäden, die als Folge von Handlungen und/oder gefassten Beschlüssen aufgrund der gegebenen Informationen entstehen, kann dennoch keine Haftung übernommen werden.

Impressum

avBUCH im CADMOS Verlag

Gestaltung: Ravenstein R2, Verden (Aller)
Lektorat: Ing. Barbara P. Meister MA, FachLektor.at
Projektleitung: Christine Weidenweber
Umschlagfotos: J. Brocks (Cover), Shutterstock/vallefrias (U4)
Druck: www.graspo.com

Deutsche Nationalbibliothek – CIP-Einheitsaufnahme
Die Deutsche Nationalbibliothek verzeichnet diese Publikation in der Deutschen Nationalbibliografie; detaillierte bibliografische Daten sind im Internet über http://dnb.ddb.de abrufbar.

Printed in EU

ISBN: 978-3-8404-8127-7